西藏积雪图集

除 多◎著

气象出版社
China Meteorological Press

内容简介

本图集利用卫星遥感积雪数据和西藏地面积雪观测资料，以地图形式直观地展示了西藏积雪覆盖率、积雪覆盖日数、积雪日数、降雪日数和积雪深度等主要积雪要素的空间分布和时间变化特征，客观地揭示了近30年西藏积雪的基本特征和变化事实。图集还增加了1981年至2020年西藏气温和降水的时空分布和变化系列图幅，供读者了解近40年西藏气候变化的基本特征和事实。研究成果对了解西藏积雪资源、全球变暖对西藏积雪资源的影响以及开展相关的防灾减灾工作和应对气候变化具有重要参考价值。

本图集内容丰富，图文并茂，资料翔实可靠，实用性强，可供气象、农业、交通、环境、水利、生态等科研业务部门及各级政府防灾减灾决策部门参阅和使用。

图书在版编目（ＣＩＰ）数据

西藏积雪图集 / 除多著. -- 北京 ： 气象出版社，2022.11
ISBN 978-7-5029-7855-6

Ⅰ．①西… Ⅱ．①除… Ⅲ．①积雪－西藏－图集
Ⅳ．①P426.63-64

中国版本图书馆CIP数据核字(2022)第232914号

审图号：藏 S（2022）006 号

西藏积雪图集
Xizang Jixue Tuji

出版发行：气象出版社	
地　　址：北京市海淀区中关村南大街 46 号	邮政编码：100081
电　　话：010-68407112（总编室）　010-68408042（发行部）	
网　　址：http://www.qxcbs.com	E-mail：qxcbs@cma.gov.cn
责任编辑：蒴学东	终　审：张　斌
责任校对：张硕杰	责任技编：赵相宁
封面设计：楠竹文化	
印　　刷：北京地大彩印有限公司	
开　　本：889 mm×1194 mm　1/16	印　张：9.25
字　　数：220 千字	
版　　次：2022 年 11 月第 1 版	印　次：2022 年 11 月第 1 次印刷
定　　价：150.00 元	

前　言

　　西藏是青藏高原的主体，位于其西南部。北起昆仑山，东北以唐古拉山为界，南至冈底斯山—念青唐古拉山为广阔的藏北高原，往南则是以雅鲁藏布江干支流为主的藏南谷地及其东部的藏东南三江河谷区，最南侧以近东西向的喜马拉雅山为界。总体上，高原周围群山环抱，北部高原辽阔坦荡，中南部高山、宽谷和高位湖盆相间排列，东南部河流深切。

　　青藏高原是世界上海拔最高的高原，被称为"地球第三极"和"雪域高原"。西藏高原是其主要组成部分，平均海拔 4000 m 以上。积雪作为降雪形成的西藏高原季节性变化最快的自然地表特征和固态降水存储形式，首先是冬、春季节高原独特的自然景观，与高原冰川构成了西藏高寒山地自然景观和高山探险旅游目的地，并具有很大的潜在开发应用价值；其次，积雪是高原重要的固态水资源和众多冰川发育的直接物质条件，决定着冰川消融与发展，由此产生的冰雪融水是西藏主要河流的重要补给水源，与高原和下游地区人们的生产生活密切相关。此外，地表积雪的高反照率、低热传导性以及融雪水文效应，通过改变地表和大气热状况对局地到区域的气候产生重要影响。然而，过量积雪造成的牧区雪灾和道路积雪等积雪灾害是影响西藏高海拔草地畜牧业生产和道路交通安全的主要自然灾害。

　　积雪作为西藏高原冰冻圈主要组成部分和高原及下游地区的重要水资源、全球气候变化的影响和响应因子、气候预测指示因子以及高寒牧区和高山冰雪灾害的物质载体，准确而翔实的高原积雪空间分布、时间变化及趋势信息不仅是认识和全面了解高原积雪时空分布和演变特征的基础，而且对制定相关防灾减灾和应对气候变化措施具有重要意义。

　　积雪的观测方式主要有地面观测和卫星遥感两种。地面人工观测是卫星遥感出现之前主要的观测方式。西藏的地面气象观测系统是新中国成立之后逐步建立起来的，20 世纪 70 年代末形成了由 38 个人工观测站组成的地面气象观测网。西藏地面人工观测网虽存在南部和东部观测台站密集、西北部观测站稀少的空间分布格局，但是作为第一手观测资料仍是积雪及其相关长期气候变化研究领域应用最广泛和可靠的资料，也是卫星遥感不可或缺的地面验证资料。根据 2018 年全国地面气象观测自动化改革方案，2019 年 4 月 1 日起西藏与全国同步取消了所有人工观测，实现全面自动化。

　　2018 年作者的专著《青藏高原积雪图集》由气象出版社正式出版，该图集首次以地图的形式综合展示了青藏高原主要积雪要素的空间分布和时间演变特征，客观地揭示了过去 30 年青藏高原积雪的基本特征和变化事实。图集的边界采用了以自然地貌为主导因素，同时综合考虑海拔高度、高原面和山地完整性原则确定的青藏高原范围。西藏位于青藏高原西南部，是其主体部分。

《西藏积雪图集》是在《青藏高原积雪图集》基础上全面更新和补充完善完成的，图集边界采用了西藏自治区的行政边界。图集中的所有 MODIS 卫星遥感积雪数据进行了更新，原来 2000 年 3 月至 2014 年 12 月的 MOD10A2 V5 更新为 2000 年 3 月至 2021 年 8 月的 MOD10A2 V6 积雪产品；增加了 2004 年 2 月至 2021 年 8 月 IMS 4 km 分辨率雪冰产品，用于分析西藏积雪覆盖日数的时空变化特征。由于 2019 年 4 月 1 日开始西藏取消了所有人工观测，但积雪日数和降雪日数为人工观测项目，另外，考虑到人工到自动观测方式对雪深观测结果带来的不一致问题，本图集中积雪的地面观测数据未进行更新。

《西藏积雪图集》包括西藏高原积雪覆盖率、积雪覆盖日数、积雪日数、降雪日数以及积雪深度等五个主要积雪要素的时空分布和变化系列图以及相应的文字说明。云是 MODIS 等光学遥感传感器影响地面积雪监测的主要因素，为此，图集中还增加了基于 Terra/MODIS 逐日产品 MOD10A1 云覆盖数据的西藏高原云覆盖特征。读者从中可以了解西藏高原的云覆盖特征及季节变化，方便读者选取合适的晴空卫星遥感数据进行不同卫星传感器积雪图像的验证和对比。气温和降水是影响西藏积雪时空分布和变化的主要气象因素，为此，图集中还增加了 1981 年至 2020 年西藏气温和降水的时空分布和变化系列图幅，读者从中可以了解近 40 年西藏高原气温和降水的时空变化特征。图集最后部分附有西藏 38 个气象站点信息及主要积雪要素、气温和降水的统计值，供相关业务、科研人员参考和引用。

本图集的出版得到了第二次青藏高原综合科学考察研究项目（2019QZKK0603，2019QZKK010312）和国家自然科学基金项目（41561017）的资助。所有地面观测资料由西藏自治区气象局气象信息网络中心提供，MODIS 数据和 IMS 遥感积雪数据由美国国家雪冰数据中心提供。图集的出版得到了西藏自治区气象局领导的鼓励和西藏高原大气环境科学研究所同事以及气象出版社蔺学东副编审的大力支持，在此一并致以谢意。

除 多

2022 年 7 月于拉萨

制图说明

一、西藏边界

西藏位于青藏高原西南部，北界昆仑山与新疆维吾尔自治区毗邻，东北以唐古拉山为界与青海省相邻，东隔金沙江与四川省相望，东南与云南省相连，南边和西部介喜马拉雅山脉与缅甸、印度、不丹、尼泊尔等国接壤，西北部与克什米尔地区相邻。西藏东西长 1926 km，南北宽 1102 km，平均海拔在 4000 m 以上，地处北纬 26° 52'~36° 32'，东经 78° 24'~99° 6'，面积 120 多万平方千米，约占中国陆地面积的八分之一。

二、投影方式

所有栅格图像的投影方式采用了 Albers 等积圆锥投影，Krasovsky 椭球体，中央经线 90° E，第一条标准纬线 27° N 和第二条标准纬线 39°N。

三、数据

1. 地面观测资料

图集中的积雪日数、降雪日数和积雪深度地面观测数据采用了 1981 年至 2010 年 30 年有完整观测记录的西藏 38 个常规气象站资料，地面气温和降水观测数据采用了 1981 年至 2020 年 40 年有完整观测记录的西藏 38 个常规气象站资料。积雪日数、降雪日数、积雪深度、地面气温和降水量观测数据是经过质量检测和质量控制的月值数据集，由西藏自治区气象局气象信息网络中心提供。

2. MODIS 遥感积雪数据

MODIS 遥感积雪数据是从美国国家雪冰数据中心（NSIDC）下载的 MOD10A2 V6 积雪产品。该产品是由 Terra/MODIS 逐日积雪分类产品 MOD10A1 影像经 8 d 最大合成方法获得，其目的是为了保证影像像元内积雪覆盖面积最大、云的影响最少，产品空间分辨率为 500 m。西藏高原范围内每个 MOD10A2 图像由 6 幅图片（Tiles）拼接而成，2000 年 3 月至 2021 年 8 月共 984 幅，其中年平均采用了 2001 年 1 月至 2020 年 12 月有完整数据的 20 年数据，季节则采用了 2000 年 3 月至 2021 年 8 月的数据，所以春、夏两季各有 22 个时间序列数据，秋、冬两季各有 21 个时间序列数据。

3. IMS 雪冰产品

IMS 雪冰产品是由美国国家海洋和大气管理局（NOAA）下属的国家环境卫星数据信息服务

中心（NESDIS）制作，提供北半球逐日无云的积雪覆盖范围。2004年2月24日开始IMS产品分辨率由原来的24 km提高至4 km，2014年12月2日分辨率再次提高到1 km。本图集采用了2004年2月24日至2021年8月31日的IMS 4 km分辨率逐日雪冰产品。期间除了个别日期缺少数据之外，整体上数据齐全。产品中不同的像元值代表不同的地物：1代表海洋，2代表陆地，3代表海冰与湖冰，4代表积雪。

4. MODIS 云覆盖数据

MODIS云覆盖数据采用了2010年1月至2015年12月Terra/MODIS逐日积雪产品MOD10A1 V5的云覆盖数据，观测时间是12：30（北京时），空间分辨率为500 m。

5. DEM 数据

数字高程模型（DEM）采用了美国地质调查局地球资源观测与科学中心（USGS EROS）负责数据归档和向公众发布的SRTM（Shuttle Radar Topography Mission）DEM高程数据，空间分辨率是90 m，分析时重采样至与MOD10A2相同的500 m空间分辨率。

四、要素定义

1. 积雪日数

为天气现象定义的积雪日。根据中国气象局《地面气象观测规范》，当观测场上视野范围内一半以上被积雪覆盖，就记为积雪日，即雪覆盖地面达到测站四周可见范围内一半以上面积时的天数，单位为天（d）。

2. 降雪日数

为天气现象定义的降雪日数。一个降雪日数（雪日）是指某站某一天出现降雪（含雨夹雪）天气，单位为天（d）。

3. 积雪深度

是指积雪表面到地面的垂直深度，单位为厘米（cm）。

4. 积雪覆盖率

是指在不同时间尺度内地面出现积雪的频率百分比，单位为百分比（%）。

5. 积雪覆盖日数

是指在不同时间尺度内地面被积雪覆盖的日数，单位为天（d）。

6. 云覆盖率

是指在不同时间尺度内观测点天空被云覆盖的频率百分比，单位为百分比（%）。

7. 气温

是指气象观测场中离地面1.5 m高度的百叶箱内测得的空气温度，单位为摄氏度（℃）。

（1）平均气温：一定时期内（年、月、季节）气温各次定时观测的平均值。

（2）平均最高（最低）气温：一定时期内（年、月）最高（最低）气温的平均值。

8. 降水

降水量指自天空下降的液态、固态降水（融化后）累积在水平器皿（雨量筒）中的深度，单位为毫米（mm）。年、季和月降水量指一定时期内（年、季、月）各日降水量总和。

9. 四季划分

3月至5月为春季，6月至8月为夏季，9月至11月为秋季，12月至翌年2月为冬季。

五、方法

1. 变化趋势计算

采用倾向率方法建立气候序列 x 与时间 t 之间的一元线性回归，用一条合理的直线表示 x 与 t 之间的关系，判断序列整体上升或下降趋势。一元线性回归方程如下：

$$x = a + bt \tag{1}$$

式中，x 为气候要素；t 为时间；a 为常数；b 为方程斜率，即倾向率或线性趋势项，$b>0$ 时说明序列随时间呈上升趋势，$b<0$ 时说明序列随时间呈下降趋势，b 值的大小反映了上升或下降趋势的大小程度。b 用最小二乘法来计算，计算公式如下：

$$b = \frac{\sum\limits_{i}^{n} x_i t_i - \frac{1}{n}(\sum\limits_{i}^{n} x_i)(\sum\limits_{i}^{n} t_i)}{\sum\limits_{i}^{n} t_i^2 - \frac{1}{n}(\sum\limits_{i}^{n} t_i)^2} \tag{2}$$

2. 积雪覆盖率计算

为了反映积雪覆盖程度和出现次数，定义了积雪覆盖率（Snow Cover Frequency，SCF），就是对 MOD10A2 时间序列图像进行统计，在不同时间尺度内计算总像元中积雪像元所占的百分比，其表达式为：

$$P = (P_s / P_t) \times 100 \tag{3}$$

式中，P 为积雪覆盖率百分比，P_s 为不同时间尺度所有 MOD10A2 序列图像中积雪像元数，P_t 为该时间段 MOD10A2 影像总数。通过该公式可以计算月、季节和年等不同时间尺度的积雪覆盖率。

3. 积雪变率计算

为定量分析积雪年际变率和异常变化情况，采用标准差表示积雪要素异常和偏离平均值的程度，其空间分布的高值区是积雪要素异常变化的敏感区。标准差（σ）公式如下：

$$\sigma = \sqrt{\frac{1}{n}\sum\limits_{i}^{n}(x_i - \bar{x})^2} \tag{4}$$

式中，x_i 为年或季节积雪要素，$\bar{x}$ 为相应的平均值，n 为研究时段的年份数。

西藏积雪概况

　　西藏位于青藏高原西南部，是世界海拔最高的高原，平均海拔 4736 m，被称为"世界屋脊"。西藏高原北起昆仑山，东北以唐古拉山为界，最南侧以近东西向的喜马拉雅山为界。其中部冈底斯山—念青唐古拉山北侧为广阔的藏北高原，往南则是以雅鲁藏布江干支流为主的藏南谷地及其东部的藏东南三江河谷区。西藏地势总体上西北高、东南低，高原边缘高、中部低，西北部海拔多在5000 m 以上，到南部雅鲁藏布江河谷谷底海拔在 3200~3900 m，到藏东南喜马拉雅山东段南坡海拔降至 1000 m 以下，最低点在雅鲁藏布江出境处江面，海拔约 110 m。西藏海拔 4000 m 以上的面积占 94.5%，海拔 5000 m 以上的面积占 44.8%，海拔 6000 m 以上的面积仅占 0.7%。最高点是定日县境内与尼泊尔交界的珠穆朗玛峰，海拔 8848.86 m，为世界最高峰。西藏地形地貌大致可分为南部喜玛拉雅高山区、喜马拉雅北麓湖盆区、雅鲁藏布江中游谷地、藏北高原湖盆区和藏东高山峡谷区。西藏是长江、雅鲁藏布江、怒江、印度河等亚洲著名大江大河的发源地，是"亚洲水塔"的主要组成部分。西藏又是我国湖泊最多的地区，有大小湖泊 1500 多个，其中面积超过 1000 km²的有纳木错、色林错和扎日南木错 3 个，面积超过 100 km² 的有 47 个。

　　西藏地处北半球中低纬度西风带，冬季主要受西风环流的影响，夏季主要受南亚季风的影响，春、秋两季为冬、夏大气环流的过渡和转变期。西藏气候类型复杂多样，总体上具有东南部温暖湿润、西北部严寒干燥的特点，从东南向西北呈现热带—亚热带—温带—亚寒带—寒带和湿润—半湿润—半干旱—干旱的带状组合更替。西藏气候的具体特点体现在：大气干洁、日照多、太阳辐射强、气温偏低、年较差小、日较差大、干湿季分明、雨季时间短、降水普遍偏少且多集中在夏季、干季时间长、多大风。西藏主要气象灾害有干旱、洪涝、雪灾、霜冻、大风、沙尘暴、冰雹等，且区域分布明显，东部地区以洪涝为主，沿雅鲁藏布江河谷多干旱、霜冻和沙尘暴，藏北和喜马拉雅北麓湖盆区易受到雪灾和大风的危害，而干旱是西部地区的主要灾害。

　　根据 1981 年至 2020 年气象资料，西藏年平均气温为 4.9 ℃，其中最低气温出现在藏北安多气象站，为 –2.2 ℃，最高出现在高原东南边缘的察隅气象站，平均气温 12.2 ℃。西藏平均最高和最低气温分别是 12.6 ℃和 –1.4 ℃。1 月平均气温最低，为 –4.9 ℃，7 月最高，达 13.4 ℃。西藏气温总体上呈现南部河谷地区平均气温高、南北高寒地区平均气温低的空间分布格局，气温空间分布的海拔依赖性极为显著。西藏平均年降水量 461 mm，总体上表现为东南部多、西北部少的空间格局，东南部部分地区降水量在 800 mm 左右，其中波密站的年降水量最大，达 883 mm，西北部降至 80 mm 以下，其中狮泉河站的平均年降水量最少，仅 70 mm。西藏降水主要集中在

5—9月的雨季，占年降水量的84%，其中夏季占62%，秋季和春季分别占19%和16%，冬季仅占3%。受到以水分条件为主导作用的水热条件综合影响，西藏植被种类繁多，分布极不均匀，垂直变化带谱明显，总体上呈现出由东南向西北和由南向北显著变化的特点。在西藏东南部，发育着以森林为代表的山地垂直带植被，向西北部逐渐演变为高寒草甸、高寒草原和高寒荒漠植被；由南向北，从喜马拉雅山南侧的常绿雨林、高寒草甸、高寒草原逐渐过渡到北部的荒漠草原。

积雪是西藏高原生态环境的重要组成部分和寒季独特的自然景观，在西藏高原生态环境环保和水资源的补给方面发挥着重要作用，与高原和下游地区人们的生产生活密切相关。同时，作为西藏高原冰冻圈的主要存在形式和季节性变化最快的下垫面，地面积雪以其高反射率、低导热率的特性，以及融雪水文效应，通过改变地表和大气热状况，对区域气候产生重要影响。然而，过量的地面积雪造成的牧区雪灾等积雪灾害是西藏高寒山区的主要自然灾害之一。积雪又是全球气候变化重要的指示器和区域环境变化敏感的响应因子之一，在全球变化研究中具有重要意义。

西藏的地面积雪观测系统是新中国成立之后逐步建立起来的，20世纪70年代末期基本形成了目前的人工观测网络。地面气象站观测的积雪资料为了解西藏高原长期积雪变化特征提供了最为可靠的第一手资料。由于卫星遥感具有监测范围广、不受地面条件影响的特点，在地域辽阔、地形复杂和人迹罕至的地区为积雪监测提供了有效手段，特别是在大尺度积雪覆盖变化监测方面有其独特的优势。其中，美国航空航天局（NASA）对地观测系统卫星Terra携带的MODIS传感器因具有较高的时空和光谱分辨率、科学合理的波段设计、长期稳定的对地观测服务能力、成熟先进的反演算法，加之根据不同用户需求开发的系列产品以及完善的产品共享服务，在从区域到全球积雪等地表参数遥感监测研究中应用最为广泛。

在全球气候变暖背景下，积雪是冰冻圈最为活跃和敏感因子、高原季节性变化最快的自然地表特征和高原及下游地区重要的水资源，因此西藏高原的积雪变化备受国内外关注。为此，利用2000年至2021年MODIS卫星遥感积雪数据、2004年至2021年IMS雪冰产品以及1981年至2010年西藏地面积雪观测资料系统分析了西藏积雪覆盖率、积雪覆盖日数、积雪日数、降雪日数以及积雪深度等主要积雪要素的空间分布和时间变化特点，客观地揭示了西藏积雪的基本特征和变化事实。得出的主要结论如下。

1. 西藏积雪资源丰富，但空间分布极不均匀，具有周围和东南部高山积雪丰富、南部谷地积雪少的特点

喜马拉雅山、喀喇昆仑山、昆仑山和唐古拉山等高原周围高山、念青唐古拉山及其东延高山和冈底斯山西段是西藏积雪最多的区域，而藏南谷地和藏北高原中西部是积雪覆盖最少的地区。喜马拉雅山脉南麓和藏北是西藏年积雪日数最长的地区，一般在50 d以上。这些地区也是西藏年降雪日数最多的区域，在70 d以上。聂拉木、帕里等喜马拉雅山南侧是西藏雪深大值区，而雅鲁藏布江中游干暖河谷是西藏积雪日数、降雪日数和积雪深度的小值所在区。

2. 西藏积雪的季节变化和差异明显，春季平均积雪覆盖范围最大，降雪日数最多，平均雪深最大，冬季平均积雪覆盖日数和积雪日数最多

西藏春季平均积雪面积最大，平均覆盖高原总面积的33.4%，其次是冬季（32.0%）和秋季

（22.5%），夏季最小（13.6%）；冬季平均积雪覆盖日数最多，为25.4 d，其次是春季（22.5 d）和秋季（12.8 d），夏季最少，仅6.1 d；西藏年平均积雪日数为29 d，其中冬季13 d、春季11 d、秋季5 d，夏季平均无积雪分布；年平均降雪日数为54 d，其中春季平均降雪日数最多，为25 d，其次是冬季（15 d）和秋季（10 d），夏季最少，平均仅2 d。春季是西藏平均雪深最大的季节，平均最大雪深为5.3 cm，冬季次之，为4.9 cm，雪深大值区主要在喜马拉雅山脉南坡，小值区则在高原南部干暖河谷地区。

3. 西藏积雪空间分布的地形和海拔依赖性极为显著

海拔越高，积雪覆盖率越高，积雪持续时间越长，年内变化越稳定。海拔2000 m以下积雪覆盖率不足4%，而海拔6000 m以上覆盖率达75%。海拔4000 m以下年内积雪覆盖呈单峰型分布特点，海拔越低，单峰型越明显；而海拔4000 m以上则为双峰型，海拔越高，双峰型越明显。海拔6000 m以下积雪覆盖率最低值出现在夏季，而海拔6000 m以上则出现在冬季。在不同山体坡向中，北坡积雪覆盖率最高，南坡最低，而无坡向的平地积雪覆盖率要小于有坡向的山地。西藏高海拔和与之相应的高寒气候为高原冰雪覆盖的形成和维持提供了必要条件。

4. 云是影响光学遥感传感器监测地表积雪的主要因素，西藏东南部云覆盖率高，西南和中西部覆盖率低

西藏东南部云覆盖率高，西南部和中西部覆盖率低，其中念青唐古拉山东延高山和喜马拉雅山脉东段雅鲁藏布江大拐弯以南高山区云覆盖率最高，平均240 d以上，而西南部谷地和藏北高原中西部海拔相对较低的区域云覆盖率最低，一般在100 d以下。西藏年平均云覆盖率为42.6%，其中夏季最高，为58.1%，其次是春季（46.2%）和冬季（35.8%），秋季最低，为30.6%。四季中，秋季高原西部和西南云覆盖率最少，冬季则在高原南部、东部和中部覆盖率最低。7月平均云覆盖率最高，达60.3%，8月次之（56.8%），而11月平均云覆盖日数仅5 d，月均最低，其次是12月，平均覆盖天数为6 d，平均覆盖率19.4%。

5. 过去30年内西藏积雪变化明显，受全球气候变暖影响显著

1981年至2010年西藏所有气象站的年平均积雪日数存在不同程度的减少趋势，且藏北和西南喜马拉雅山南麓历年积雪日数较多的台站积雪日数减少最明显，平均每10年减幅达5.1 d，其中冬季减幅最大，为2.8 d/10a，其次是春季（1.9 d/10a）和秋季（0.4 d/10a）。西藏积雪日数的显著减少主要是气温的明显上升引起的，尤其与最高气温的上升关系更为密切。

1981年至2010年西藏所有台站的年降雪日数同样存在不同程度的减少趋势，减幅每10年达9.4 d，接近平均每年减少1 d，其中，春季减幅最大，为4.1 d/10a，其次是冬季（2.9 d/10a）和秋季（1.5 d/10a），夏季最小，为1.0 d/10a。降雪日数的明显减少与气温的显著上升之间存在非常显著的负线性关系。在全球变暖和西藏气温上升趋势增强背景下，寒季原来可能以降雪形式的部分降水转为降雨，从而高原降雪日数出现了显著下降趋势。30年间，西藏年平均最大雪深伴随着较大的年际波动减少趋势同样显著，平均每10年减幅0.8 cm，其中冬季减幅最大，为0.9 cm/10a，其次为春季（0.5 cm/10a），夏、秋两季则呈微弱减少趋势。

2000 年至 2021 年西藏年平均积雪面积略呈减少趋势，其中，春季平均积雪面积以增加趋势为主，夏、秋两季以减少趋势为主，冬季总体上变化不大。西藏积雪面积变化主要归因于气温的普遍上升，尤其与最高气温的上升关系更为密切。2004 年至 2020 年西藏年积雪覆盖日数以增加趋势为主，其中，冬、春两季积雪覆盖日数是以增加趋势为主，在西南喜马拉雅山脉北麓和羌塘高原北部尤为明显，秋季高原积雪覆盖日数整体减少趋势较明显，夏季高原积雪覆盖日数极为有限，但仍略有减少趋势。高原积雪覆盖日数变化主要是气温的整体上升引起的，而与同期降水之间没有明显的关系。

6. 过去 40 年内西藏气温上升趋势显著，降水略有增加趋势

1981 年至 2020 年西藏所有台站的年平均气温呈上升趋势，海拔和纬度较高的地区升温趋势更为明显，年平均升温率达 0.38 ℃ /10a，其中冬季升温率最高，为 0.55 ℃ /10a，其次是秋季（0.44 ℃ /10a），之后是春季和夏季，分别是 0.29 ℃ /10a 和 0.27 ℃ /10a，海拔和纬度较高的地区秋、冬季相比春、夏季气温上升趋势更为明显。年平均最低和最高气温的升温率要大于年平均气温升温率，分别达 0.49 ℃ /10a 和 0.40 ℃ /10a。1981 年至 2020 年西藏年平均降水量是 461 mm，其中春、夏、秋、冬四季占比分别是 16%、62%、19% 和 3%。40 年间，西藏 30 个站的年降水量呈增加趋势，而 8 个站存在不同程度的减少趋势，除南部边缘部分台站年降水量出现减少趋势之外，雅鲁藏布江中游河谷及其北部等广大区域都出现了增加趋势。西藏平均年降水量总体上呈略有增加趋势，平均每 10 年增加 10 mm，其中春、夏两季呈增加趋势，增幅分别是 5 mm/10a 和 8 mm/10a，秋、冬两季呈微弱减少趋势，减幅分别是 2 mm/10a 和 1 mm/10a。

目　录

图组六　积雪深度

图组七　气温

图组八　降水

图组一
积雪覆盖率

珠穆朗玛峰，海拔 8848.86 米，为世界最高山峰。

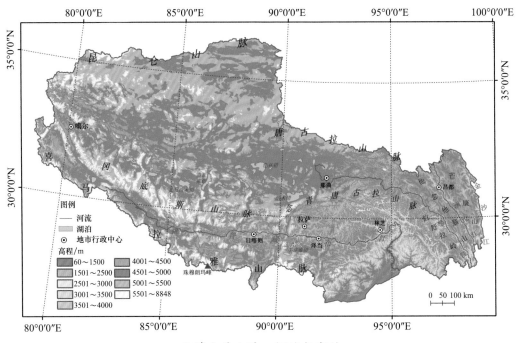

西藏主要山脉、河流与湖泊

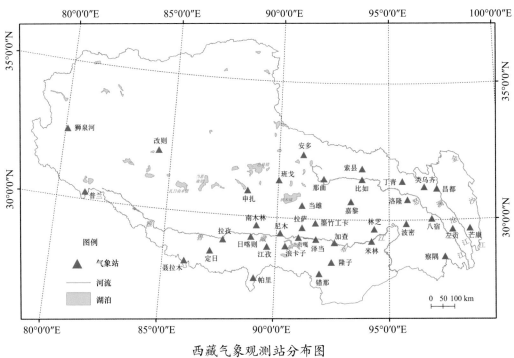

西藏气象观测站分布图

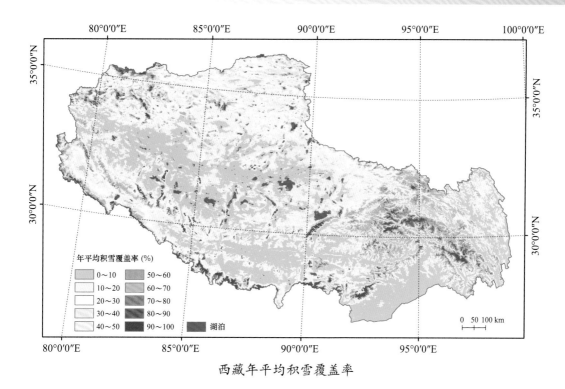

西藏年平均积雪覆盖率

西藏年平均积雪覆盖率为 25.5%，其中覆盖率小于 10% 的占高原总面积的 26.4%，主要分布在雅鲁藏布江河谷、羌塘高原中西部和藏东南三江河谷地区；覆盖率大于 60% 的占 9.1%，主要分布在念青唐古拉山及其东延高山以及喜马拉雅山、昆仑山及唐古拉山东延等高山地区。

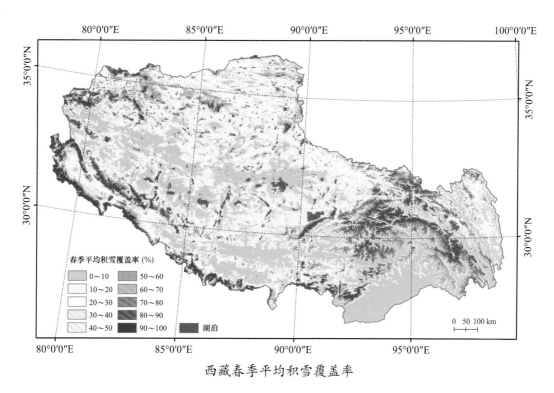

西藏春季平均积雪覆盖率

春季西藏平均积雪覆盖率为 33.4%，在四季中最高。积雪覆盖率小于 10% 的面积占高原总面积的 22.6%，其空间分布与年平均基本一致；积雪覆盖率大于 60% 的面积为 19.9%，在念青唐古拉山及其东侧广大高山区最为集中，其次是喜马拉雅山和昆仑山等高山地区。

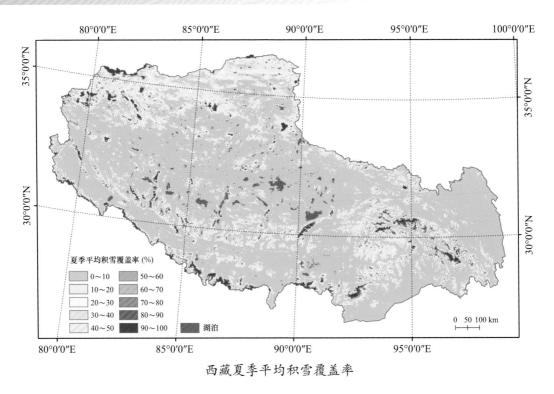

西藏夏季平均积雪覆盖率

夏季除了高海拔的山脉上部有积雪分布之外，高原上积雪分布很少，平均积雪覆盖率为13.6%。相对而言，北部的昆仑山和念青唐古拉山东延高山积雪覆盖范围较大，其次是喜马拉雅高山区。

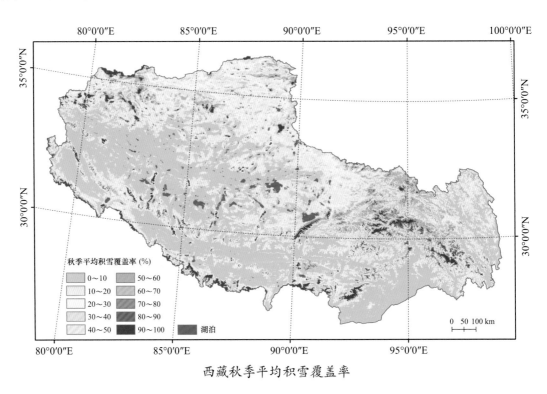

西藏秋季平均积雪覆盖率

秋季西藏平均积雪覆盖率为22.5%。积雪覆盖率小于10%的面积占高原总面积的35.7%，分布区域包括雅鲁藏布江河谷、羌塘高原中西部和藏东南三江河谷地区；积雪覆盖率大于60%的面积为7.2%，在念青唐古拉山及其东部和昆仑山等高山地区分布最集中。

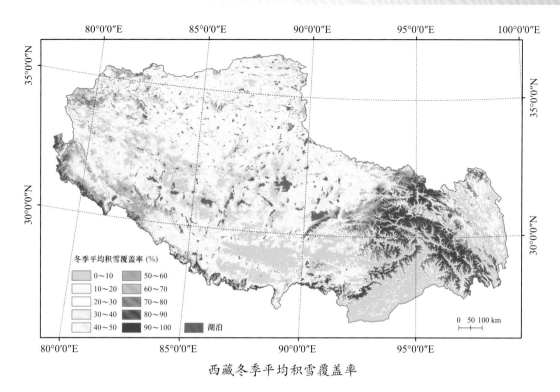

西藏冬季平均积雪覆盖率

冬季西藏平均积雪覆盖率为 32.0%，仅次于春季。积雪覆盖率小于 10% 的面积占 17.0%，在藏南谷地和藏东南河谷分布最广；积雪覆盖率大于 60% 的面积占 16.5%，念青唐古拉山及其东延横断山和唐古拉山东南部是积雪覆盖率最高的地区，其次是喜马拉雅山脉和羌塘高原北部地区。

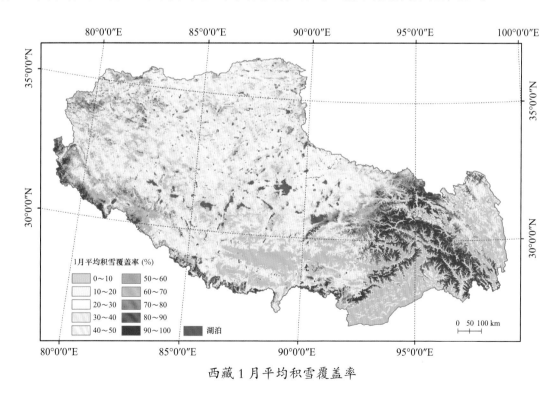

西藏 1 月平均积雪覆盖率

1 月西藏平均积雪覆盖率为 34.8%，积雪覆盖率小于 10% 的面积占西藏高原总面积的 14.0%，而大于 60% 的则为 17.9%。

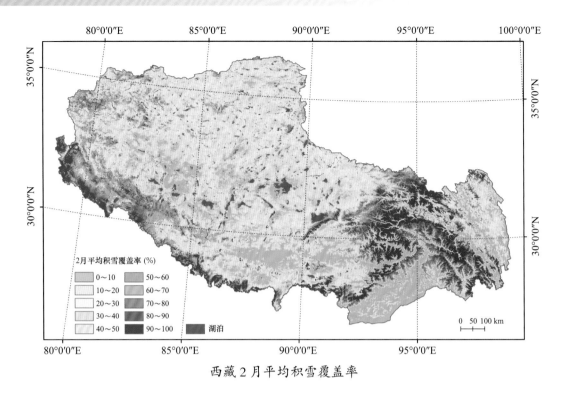

西藏2月平均积雪覆盖率

2月西藏平均积雪覆盖率为36.7%，积雪覆盖率小于10%的面积占西藏高原总面积的15.4%，而大于60%的则为高原总面积的22.7%。

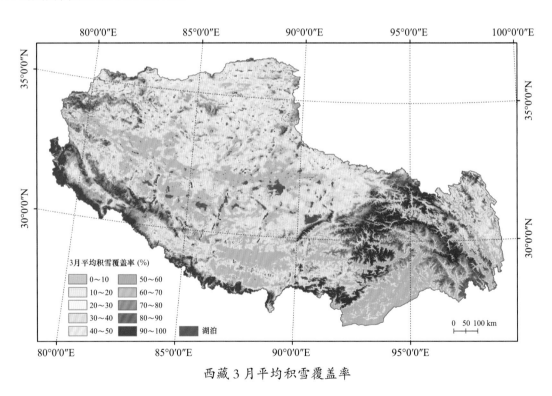

西藏3月平均积雪覆盖率

3月西藏平均积雪覆盖率为37.4%，在12个月份中最高，积雪覆盖率小于10%的面积占西藏高原总面积的18.6%，而大于60%的面积则为西藏高原总面积的25.1%。

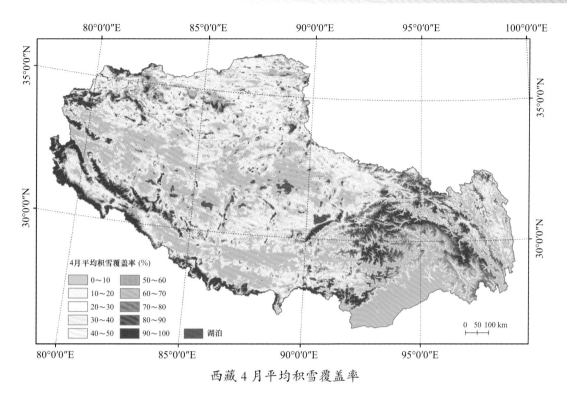

西藏4月平均积雪覆盖率

4月西藏平均积雪覆盖率为34.1%，积雪覆盖率小于10%的面积占西藏高原总面积的24.2%，而大于60%的面积则为总面积的21.9%。

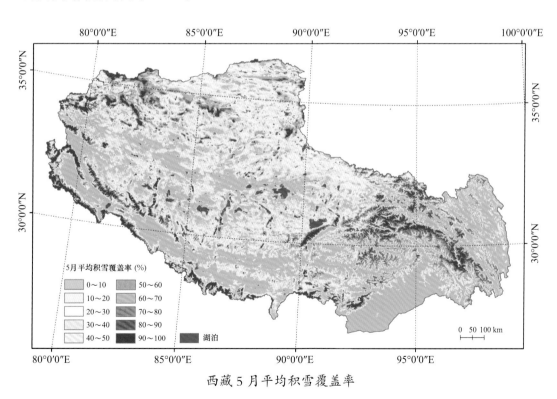

西藏5月平均积雪覆盖率

5月西藏平均积雪覆盖率为29.5%，积雪覆盖率小于10%的面积占西藏高原总面积的29.7%，而大于60%的面积则为总面积的16.4%。

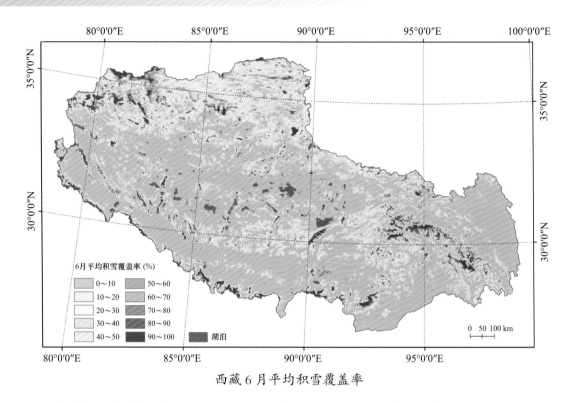

西藏6月平均积雪覆盖率

　　6月西藏平均积雪覆盖率为17.3%，积雪覆盖率小于10%的面积占西藏高原总面积的53.2%，而大于60%的面积则为总面积的6.9%。

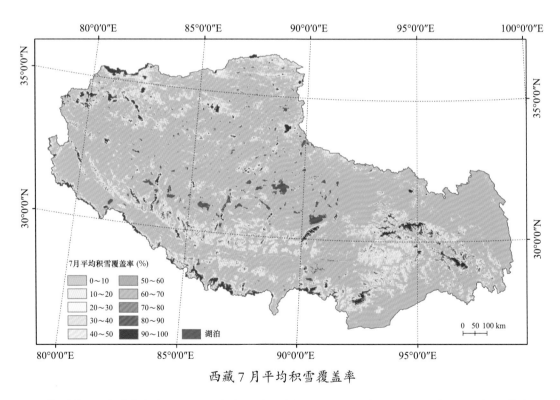

西藏7月平均积雪覆盖率

　　7月西藏平均积雪覆盖率为11.3%，在各月中最低，积雪覆盖率小于10%的面积占西藏高原总面积的68.9%，而大于60%的面积则为西藏高原总面积的3.7%。

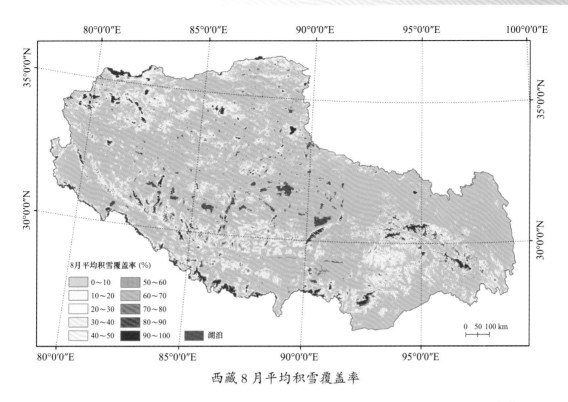

西藏8月平均积雪覆盖率

8月西藏平均积雪覆盖率为12.5%，仅次于7月，积雪覆盖率小于10%的面积占西藏高原总面积的64.0%，而大于60%的面积则为总面积的3.8%。

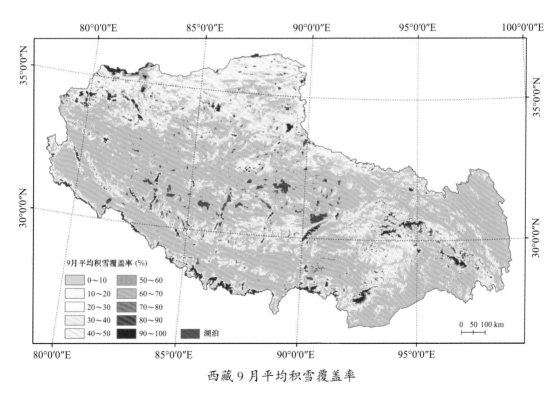

西藏9月平均积雪覆盖率

9月西藏平均积雪覆盖率为15.3%，积雪覆盖率小于10%的面积占西藏高原总面积的54.1%，而大于60%的面积则为总面积的4.2%。

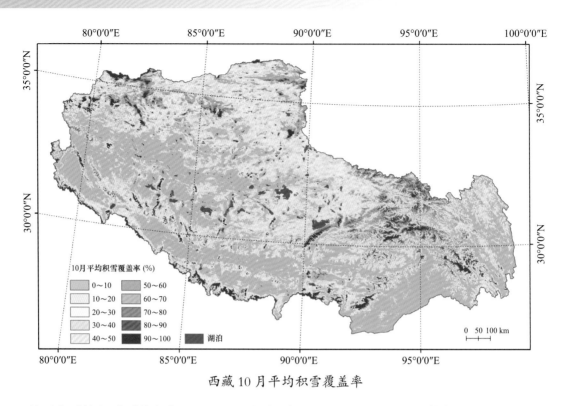

西藏 10 月平均积雪覆盖率

10 月西藏平均积雪覆盖率为 25.1%，积雪覆盖率小于 10% 的面积占西藏高原总面积的 34.0%，而大于 60% 的面积则为总面积的 10.1%。

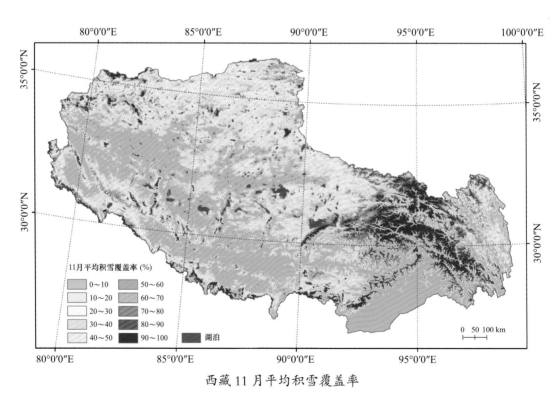

西藏 11 月平均积雪覆盖率

11 月西藏平均积雪覆盖率为 28.0%，积雪覆盖率小于 10% 的面积占西藏高原总面积的 30.1%，而大于 60% 的面积则为总面积的 14.7%。

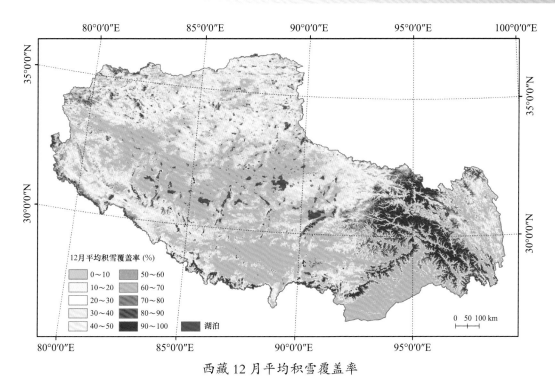

西藏 12 月平均积雪覆盖率

12 月西藏平均积雪覆盖率为 26.4%,积雪覆盖率小于 10% 的面积占西藏高原总面积的 31.8%,而大于 60% 的面积则为总面积的 14.0%。

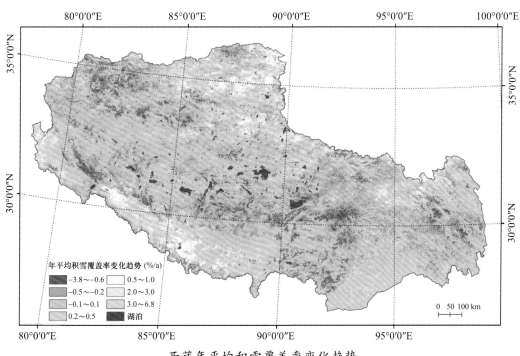

西藏年平均积雪覆盖率变化趋势

西藏年积雪覆盖率呈减少趋势的面积占西藏高原总面积的 42.7%,其中减幅 -0.5%/a~-0.2%/a 的比例最高,达 57.2%;没有变化趋势的占 34.6%;存在不同程度增加趋势的面积为 22.7%,其中增幅 0.2%/a~0.5%/a 的比例达 49.1%。2001—2020 年高原年积雪覆盖率总体上以减少趋势为主。

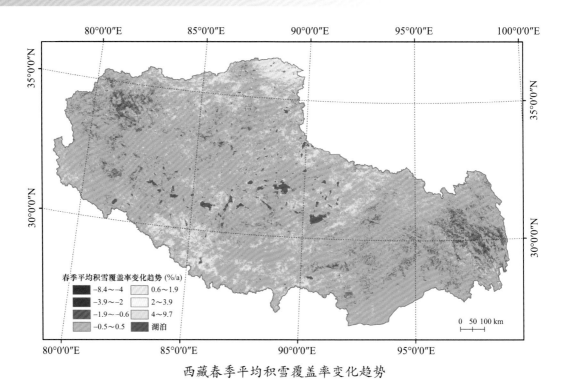

西藏春季平均积雪覆盖率变化趋势

春季平均积雪覆盖率存在增加趋势的面积占西藏高原总面积的 42.6%，其中增加趋势较明显（>0.5%/a）的面积占 19.7%；呈减少趋势的面积为 32.5%，其中减少趋势较明显（<−0.5%/a）的面积是 16.7%；没有变化趋势的占 24.9%。春季高原积雪覆盖率总体上以增加趋势为主。

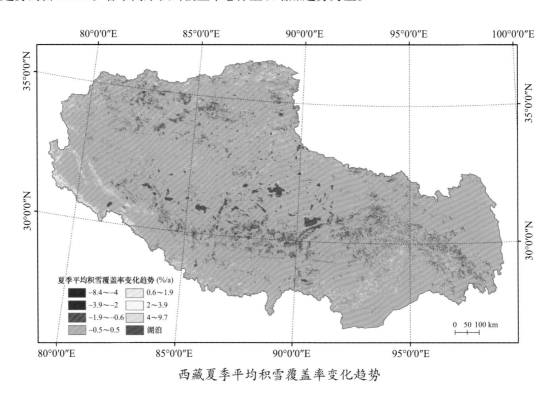

西藏夏季平均积雪覆盖率变化趋势

夏季平均积雪覆盖率存在减少趋势的面积占西藏高原总面积的 40.2%，其中减少趋势较明显（<−0.5%/a）的面积占 14.8%；呈增加趋势的面积占 27.1%，其中增加趋势较明显（>0.5%/a）的面积占总面积的 9.1%；没有变化趋势的占 32.7%。夏季高原积雪覆盖率总体上以减少趋势为主。

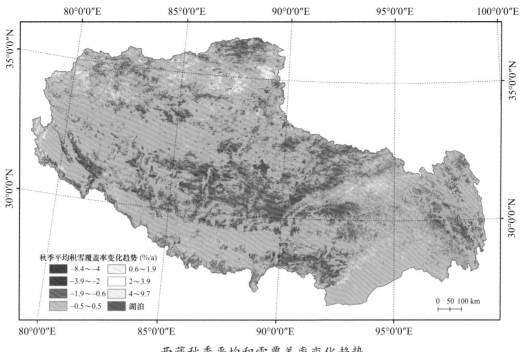

西藏秋季平均积雪覆盖率变化趋势

秋季平均积雪覆盖率呈增加趋势的面积占西藏高原总面积的 16.2%，其中增加趋势明显（>0.5%/a）的占 11.8%；呈减少趋势的面积占 62.3%，其中减少趋势明显（<-0.5%/a）的占高原总面积的 10.8%；没有变化趋势的占 21.5%。秋季高原积雪覆盖率总体上以减少趋势为主。

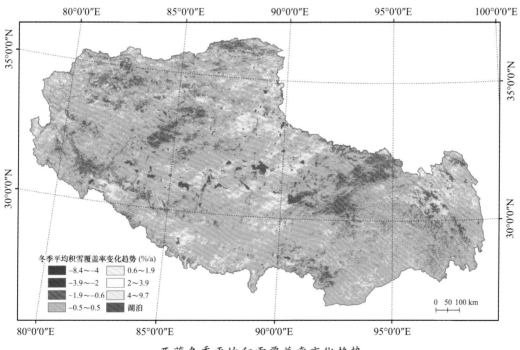

西藏冬季平均积雪覆盖率变化趋势

冬季平均积雪覆盖率呈增加趋势的面积占西藏高原总面积的 40.7%，其中增加趋势明显（>0.5%/a）的占 20.8%；呈减少趋势的面积占 39.8%，其中减少趋势明显（<-0.5%/a）的占高原总面积的 30.3%；没有变化趋势的占 19.5%。冬季高原积雪覆盖率总体上变化不大。

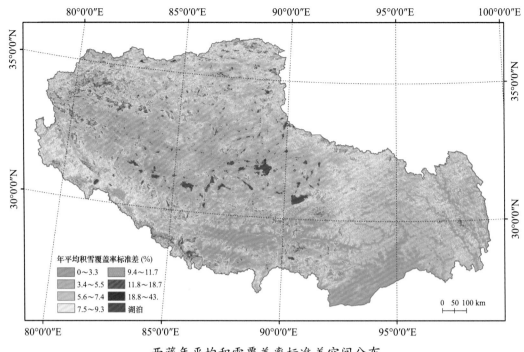

西藏年平均积雪覆盖率标准差空间分布

西藏年平均积雪覆盖率的标准差为5.7%，其中年际变率较大（标准差＞7.5%）的区域主要在西南喜马拉雅山脉北麓、念青唐古拉山至唐古拉山之间的广大区域及北部昆仑山附近等；而年际变率不大（标准差＜3.3%）的区域在雅鲁藏布江中下游河谷地区分布最广。

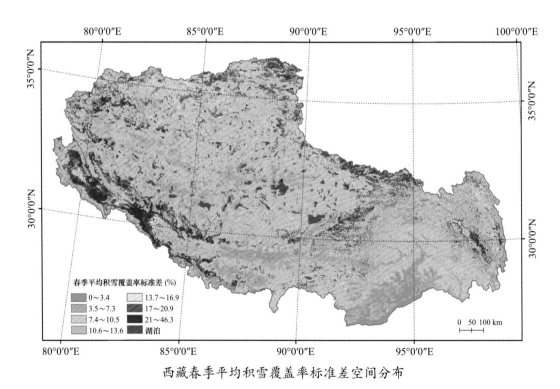

西藏春季平均积雪覆盖率标准差空间分布

春季平均积雪覆盖率的标准差为11.4%，其中标准差小于4.0%的面积占西藏高原总面积的6.5%；年际变率明显（标准差＞17.0%）的面积占12.0%，在西南喜马拉雅山北麓、冈底斯山西侧、念青唐古拉山至唐古拉山及北部昆仑山分布最广。

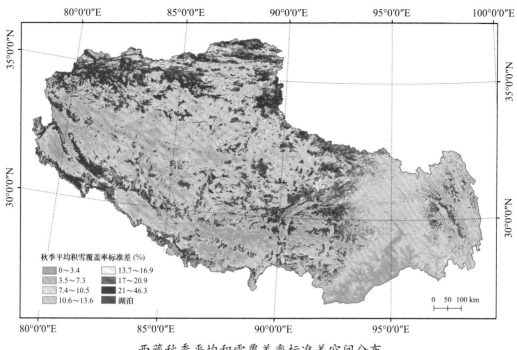

西藏秋季平均积雪覆盖率标准差空间分布

秋季平均积雪覆盖率的标准差为11.9%，与春季差异不大。标准差小于4.0%的面积占西藏高原总面积的9.3%；年际变率明显（标准差＞17.0%）的面积占20.3%，其在北部昆仑山和唐古拉山至念青唐古拉山之间分布最广。

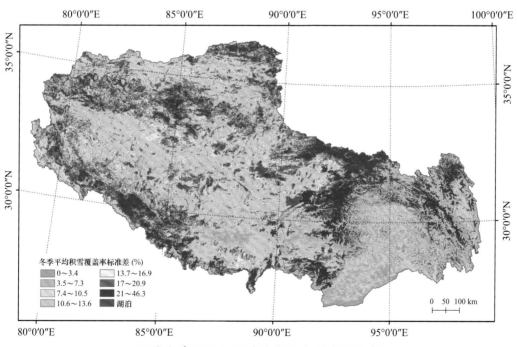

西藏冬季平均积雪覆盖率标准差空间分布

冬季是西藏平均积雪覆盖率年际变率最大的季节，标准差为14.2%，在四季中最高。标准差小于4.0%的面积占西藏高原总面积的3.8%；年际变率明显（标准差＞17.0%）的面积占29.6%，其在念青唐古拉山至唐古拉山、西南喜马拉雅山北麓和羌塘高原北部分布最广泛。

图组二
积雪覆盖日数

干城章嘉峰，海拔 8586 米，为世界第三高峰。

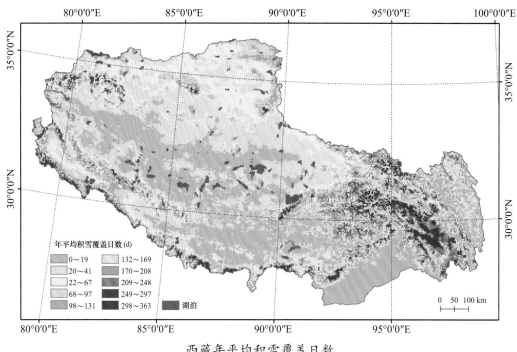

西藏年平均积雪覆盖日数

西藏年平均积雪覆盖日数是 68.8 d。覆盖日数小于 20 d 的占西藏高原总面积的 27.7%，主要分布在藏南谷地、羌塘高原中西部以及藏东南河谷地区；覆盖日数大于 100 d 的面积占 22.4%，在念青唐古拉山及其东延高山最多，其次是喜马拉雅山、昆仑山和唐古拉山等高山区域。

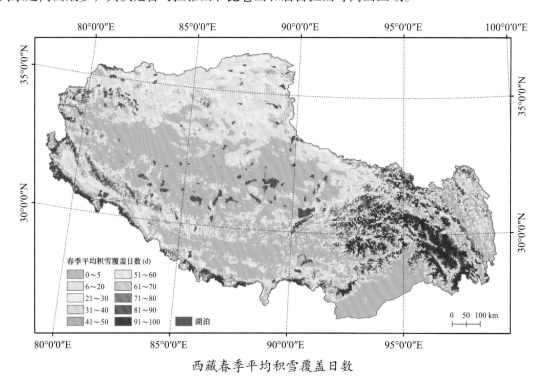

西藏春季平均积雪覆盖日数

春季平均积雪覆盖日数是 22.5 d。覆盖日数小于 6 d 的占西藏高原总面积的 32.8%，在藏南谷地和羌塘高原中西部分布最广；覆盖日数大于 60 d 的面积占 13.2%，在念青唐古拉山及其东延高山分布最集中，其次是喜马拉雅山和冈底斯山西段。

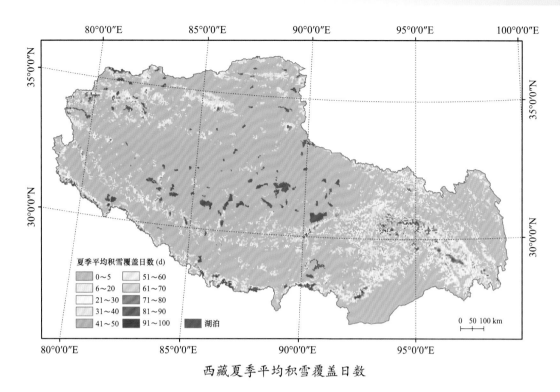

西藏夏季平均积雪覆盖日数

夏季西藏高原积雪分布极为有限，在藏东南高山区相对分布最广，其次是喜马拉雅山和北部昆仑山，且多为高山常年积雪和冰川分布区。夏季平均积雪覆盖日数仅 6.1 d，无积雪覆盖的面积占西藏高原总面积的 51.3%；覆盖日数小于 6 d 的占 76.3%；而覆盖日数大于 60 d 的仅占西藏高原总面积的 1.7%。

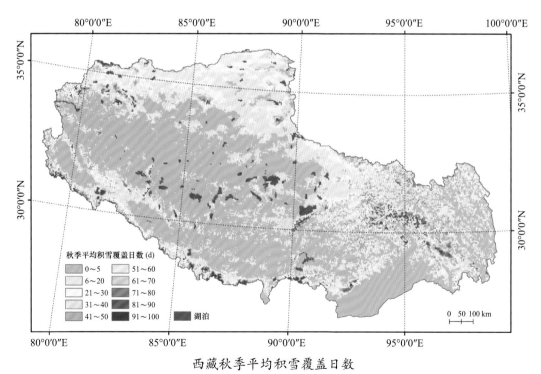

西藏秋季平均积雪覆盖日数

秋季平均积雪覆盖日数为 12.8 d，无积雪覆盖的面积占西藏高原总面积的 15.8%；覆盖日数小于 6 d 的面积占 46.1%，在藏南和藏北高原中西部分布最广，其次在高原东南部河谷区；覆盖日数大于 60 d 的面积占 2.8%，多为念青唐古拉山及其东延为主的高山常年积雪区和冰川分布区。

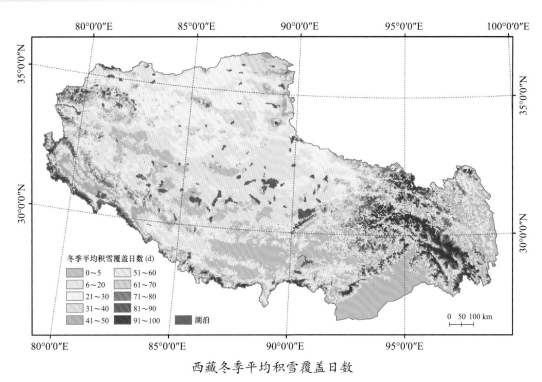

西藏冬季平均积雪覆盖日数

冬季平均积覆盖日数为 25.4 d。覆盖日数小于 6 d 的面积占西藏高原总面积的 14.6%，在雅鲁藏布江中游河谷地区分布最广；积雪覆盖日数大于 60 d 的面积占 11.2%，主要分布在念青唐古拉山及其东延高山、唐古拉山东南部、喜马拉雅山、冈底斯山西段和西昆仑山。

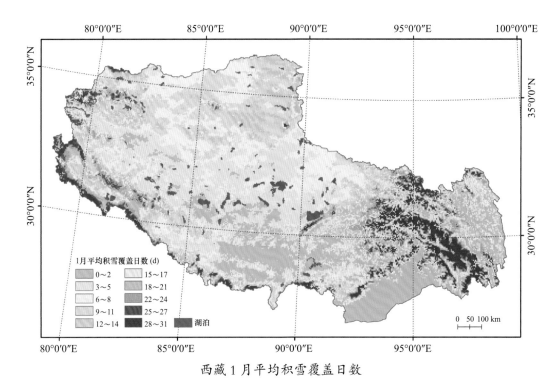

西藏 1 月平均积雪覆盖日数

1 月平均积雪覆盖日数为 9.7 d，无积雪覆盖的面积占西藏高原总面积的 8.6%；覆盖日数小于 6 d 的面积占 35.3%，分布区域主要包括藏南和藏北高原中西部及藏东南河谷地区；覆盖日数大于 20 d 的面积占 12.6%，主要分布在藏东南高山区、喜马拉雅山和西昆仑山等。

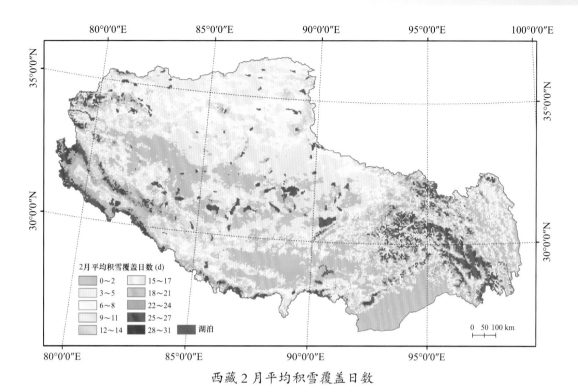

西藏2月平均积雪覆盖日数

2月平均积雪覆盖日数为8.6 d，无积雪覆盖的面积占西藏高原总面积的8.3%；覆盖日数小于6 d 的面积占47.5%；覆盖日数大于20 d的面积占12.7%。

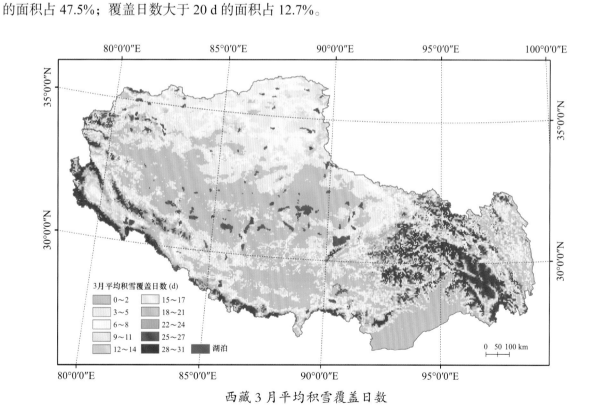

西藏3月平均积雪覆盖日数

3月平均积雪覆盖日数为8.4 d，无积雪覆盖的面积占西藏高原总面积的13.3%；覆盖日数小于6 d 的面积占53.9%；覆盖日数大于20 d的面积占15.2%。

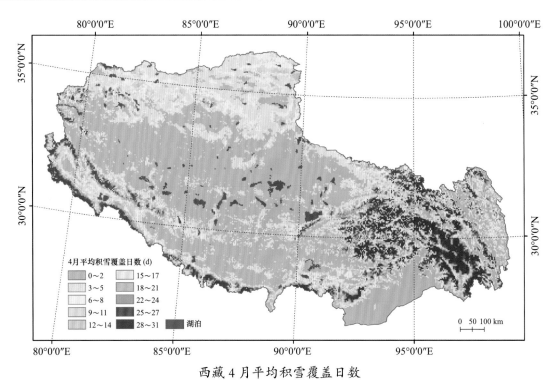

西藏 4 月平均积雪覆盖日数

4月平均积雪覆盖日数为 7.2 d，无积雪覆盖的面积占西藏高原总面积的 23.1%；覆盖日数小于 6 d 的面积占 61.9%；覆盖日数大于 20 d 的面积占 13.7%。

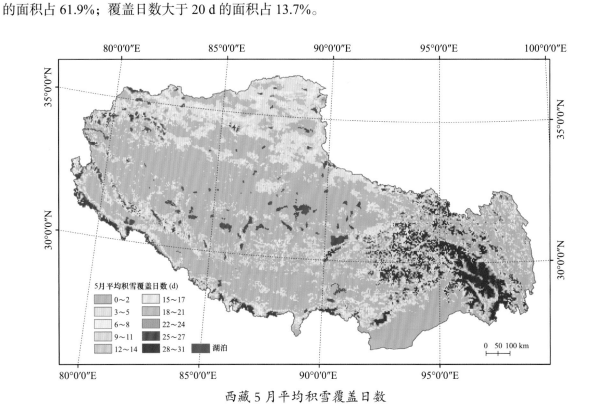

西藏 5 月平均积雪覆盖日数

5月平均积雪覆盖日数为 5.9 d，无积雪覆盖的面积占西藏高原总面积的 31.3%；覆盖日数小于 6 d 的面积占 69.3%；覆盖日数大于 20 d 的面积占 10.6%。

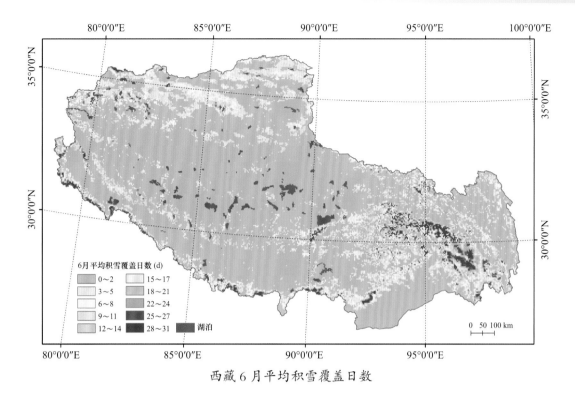

西藏 6 月平均积雪覆盖日数

　　6 月平均积雪覆盖日数为 3.4 d，无积雪覆盖的面积占西藏高原总面积的 53.2%；覆盖日数小于 6 d 的面积占 80.7%；覆盖日数大于 20 d 的面积占 4.4%。

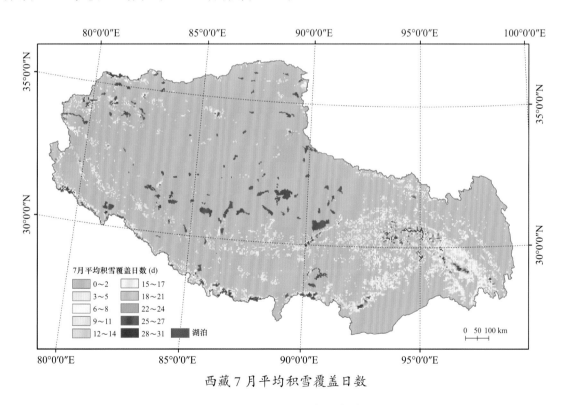

西藏 7 月平均积雪覆盖日数

　　7 月平均积雪覆盖日数为 1.5 d，无积雪覆盖的面积占西藏高原总面积的 77.1%；覆盖日数小于 6 d 的面积占 91.4%；覆盖日数大于 20 d 的面积占 1.5%。

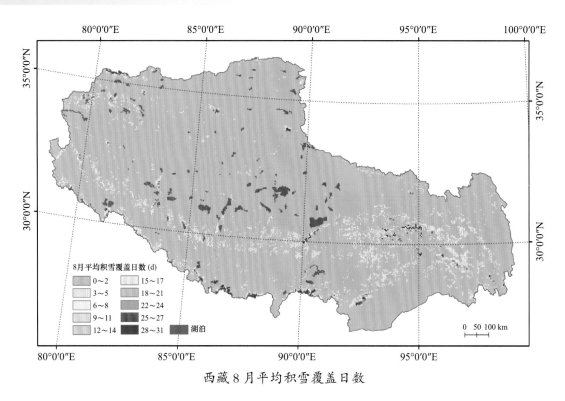

西藏8月平均积雪覆盖日数

8月平均积雪覆盖日数为0.9 d，覆盖日数大于20 d的面积占西藏高原总面积的1.1%，均在12个月份中最少；而无积雪覆盖的面积占83.5%；覆盖日数小于6 d的面积占95.0%，在各月份中占比最大。

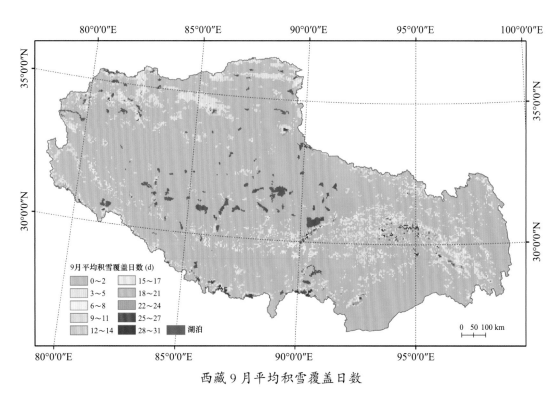

西藏9月平均积雪覆盖日数

9月平均积雪覆盖日数为1.5 d，无积雪覆盖的面积占西藏高原总面积的67.2%；覆盖日数小于6 d的面积占92.5%；覆盖日数大于20 d的面积占1.2%。

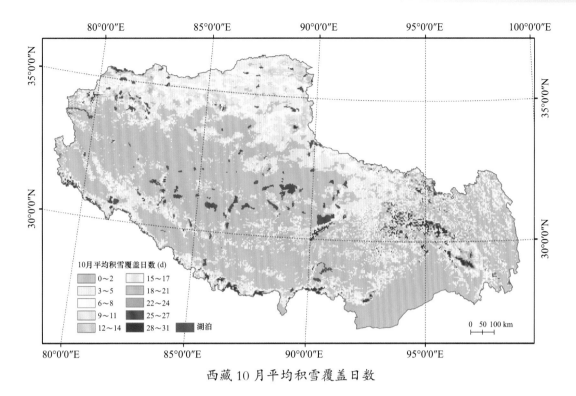

西藏 10 月平均积雪覆盖日数

10 月平均积雪覆盖日数为 4.6 d，无积雪覆盖的面积占西藏高原总面积的 28.1%；覆盖日数小于 6 d 的面积占 71.7%；覆盖日数大于 20 d 的面积占 3.8%。

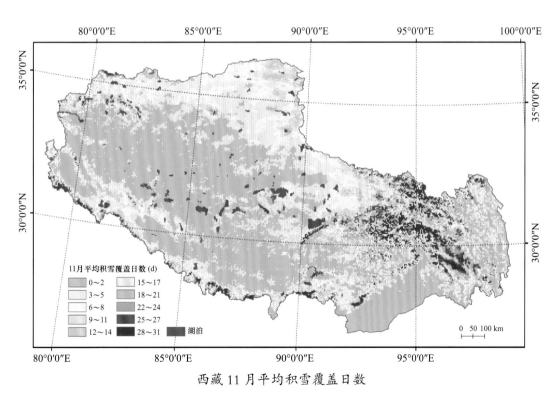

西藏 11 月平均积雪覆盖日数

11 月平均积雪覆盖日数为 6.1 d，无积雪覆盖的面积占西藏高原总面积的 24.0%；覆盖日数小于 6 d 的面积占 64.3%；覆盖日数大于 20 d 的面积占 8.1%。

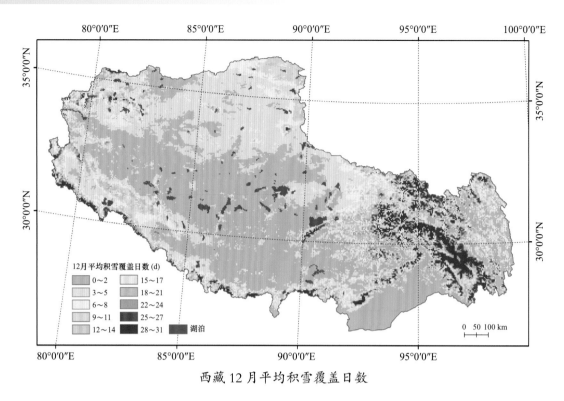

西藏12月平均积雪覆盖日数

12月平均积雪覆盖日数为6.2 d，无积雪覆盖的面积占西藏高原总面积的14.9%；覆盖日数小于6 d的面积占67.6%；覆盖日数大于20 d的面积占8.6%。

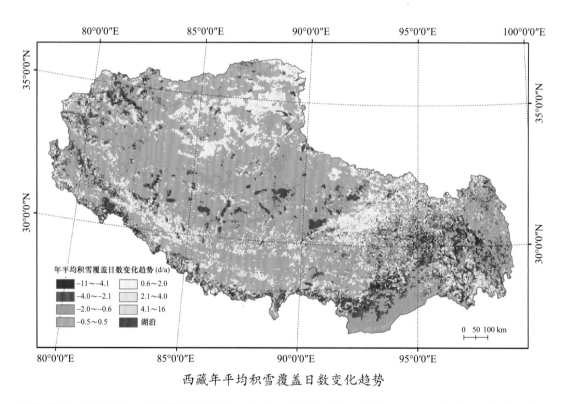

西藏年平均积雪覆盖日数变化趋势

西藏年平均积雪覆盖日数呈增加趋势的面积占西藏高原总面积的68.5%，存在不同程度减少趋势的面积占23.5%，没有变化趋势的仅占8.0%。总体上羌塘高原北部、西南喜马拉雅山北侧、念青唐古拉山东侧以增加趋势为主，藏东南和西北部以减少趋势为主。2005—2020年西藏年积雪覆盖日数以增加趋势为主。

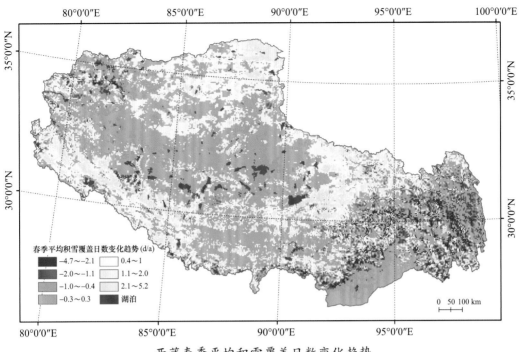

西藏春季平均积雪覆盖日数变化趋势

西藏春季平均积雪覆盖日数增加的面积占西藏高原总面积的 54.6%，主要分布在西南喜马拉雅山脉北麓、那曲东南和羌塘高原北部；而减少的面积占 23.6%，藏东南分布最广；21.8% 的面积未呈现变化趋势。2004 年 3 月至 2021 年 8 月西藏春季平均积雪覆盖日数以增加趋势为主。

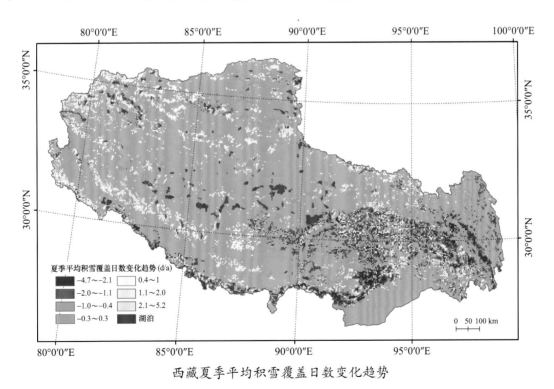

西藏夏季平均积雪覆盖日数变化趋势

夏季平均积雪覆盖日数增加的面积占西藏高原总面积的 26.1%，纬度较高的北部昆仑山及其附近高山常年积雪区分布较多；53.2% 的区域无变化趋势；而覆盖日数呈现减少趋势的占 20.7%，在念青唐古拉山及其东延山脉和南部喜马拉雅高山区分布最广。2004 年 3 月至 2021 年 8 月西藏夏季平均积雪覆盖日数略有增加趋势。

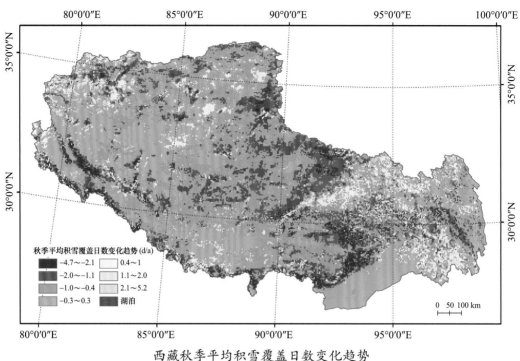

西藏秋季平均积雪覆盖日数变化趋势

　　西藏秋季平均积雪覆盖日数减少的面积占西藏高原总面积的 56.1%，在整个高原分布广泛；25.8% 的面积没有增减变化趋势；而呈现增加趋势的比例占整个高原面积的 18.1%。可见，2004 年 3 月至 2021 年 8 月西藏秋季平均积雪覆盖日数减少趋势较明显。

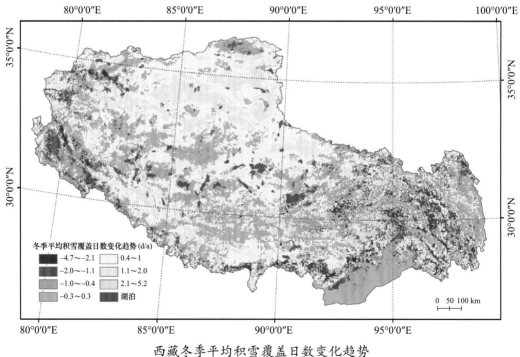

西藏冬季平均积雪覆盖日数变化趋势

　　冬季平均积雪覆盖日数增加的面积占西藏高原总面积的 64.3%，位于高原北部、中部和西南等广大区域；13.5% 的面积无变化趋势；而覆盖日数呈现减少趋势的占 22.2%，主要在东南部高山区和西北部等地。2004 年 3 月至 2021 年 8 月西藏冬季平均积雪覆盖日数以增加趋势为主。

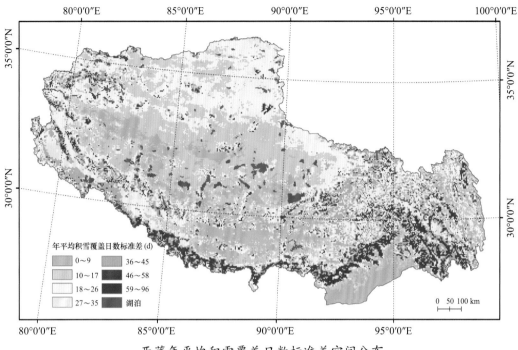

西藏年平均积雪覆盖日数标准差空间分布

西藏年平均积雪覆盖日数标准差为23.0 d，其中年际变率较大（标准差＞50 d）的主要在南部喜马拉雅山脉和伯舒拉岭等高山区域，其次在念青唐古拉山至唐古拉山之间及西北喜马拉雅山北麓等，标准差在30~50 d，而标准差＜10 d的在藏南和藏北高原中西部积雪覆盖日数小值区分布最广。

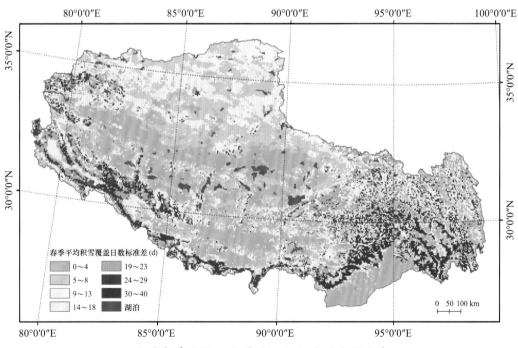

西藏春季平均积雪覆盖日数标准差空间分布

春季平均积雪覆盖日数标准差的空间分布总体上与年平均积雪覆盖日数标准差类似，标准差为10.6 d。较大的标准差（标准差＞25 d）主要出现在喜马拉雅山脉和藏东南横断山高山区及冈底斯西段等区域；而标准差＜5 d的区域在藏南谷地、藏北高原中西部及藏东南河谷分布最广。

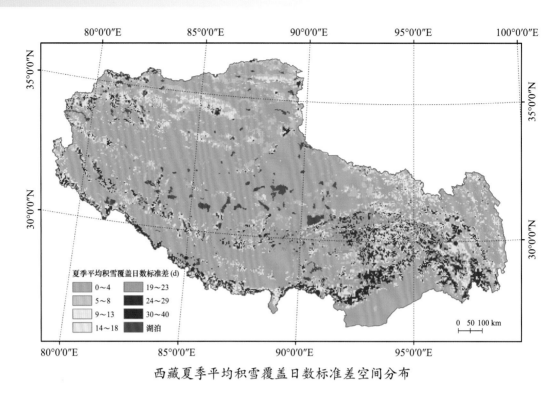

西藏夏季平均积雪覆盖日数标准差空间分布

夏季平均积雪覆盖日数标准差为 5.7 d。较大的标准差（标准差＞ 20 d）主要出现在喜马拉雅山脉和念青唐古拉山及其东南横断山高山区域；由于夏季高原积雪覆盖非常有限，高原绝大部分地区的积雪覆盖日数标准差很小，近 70% 的面积标准差小于 6 d。

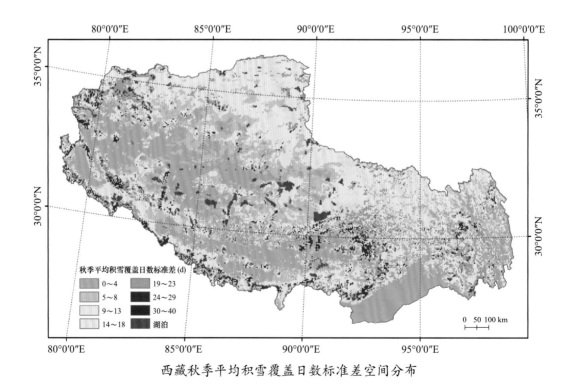

西藏秋季平均积雪覆盖日数标准差空间分布

秋季平均积雪覆盖日数标准差为 9.4 d。标准差 15~25 d 的面积占西藏高原总面积的 23.2%，分布在念青唐古拉山至唐古拉山、念青唐古拉山东南、昆仑山、喜马拉雅山等；而标准差＜ 5 d 的区域在藏南谷地和藏北高原中西部分布最广。相比春季，秋季平均积雪覆盖日数标准差在高原北部有明显增大，而在南部喜马拉雅山有明显减少。

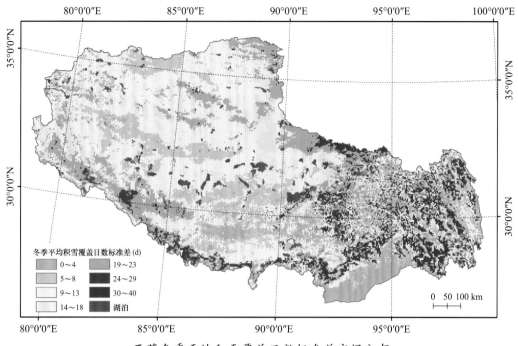

西藏冬季平均积雪覆盖日数标准差空间分布

　　冬季平均积雪覆盖日数标准差为 13.3 d，在四季中最大。较大的标准差（标准差＞25 d）分布非常有限，且主要在西藏东部高山和南部喜马拉雅山脉；标准差 15~25 d 的分布区域较大，面积占西藏高原总面积的 38.8%，在高原北部、西北部和西南喜马拉雅山北麓、念青唐古拉山至唐古拉山分布最广；而标准差＜5 d 的区域主要在藏南和藏东南河谷地区。

图组三
云覆盖日数

洛子峰，海拔 8516 米，为世界第四高峰。

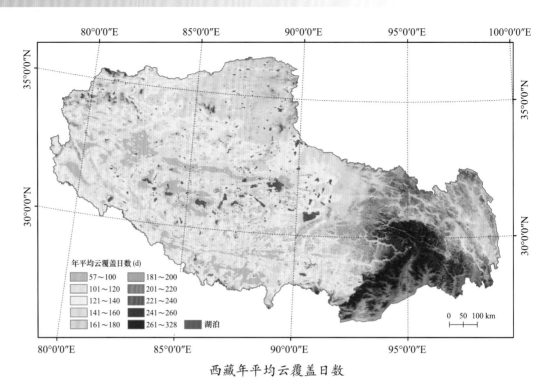

西藏年平均云覆盖日数

西藏年平均云覆盖空间分布总体特征是东南部覆盖率高、西南和中西部覆盖率低。其中，念青唐古拉山东延高山和雅鲁藏布江大拐弯以南高山区云覆盖率最高，在 240 d 以上；而西南部谷地和中西部海拔较低的区域云覆盖率最低，一般在 100 d 以下。年平均云覆盖日数为 155 d，平均覆盖率为 42.6%。

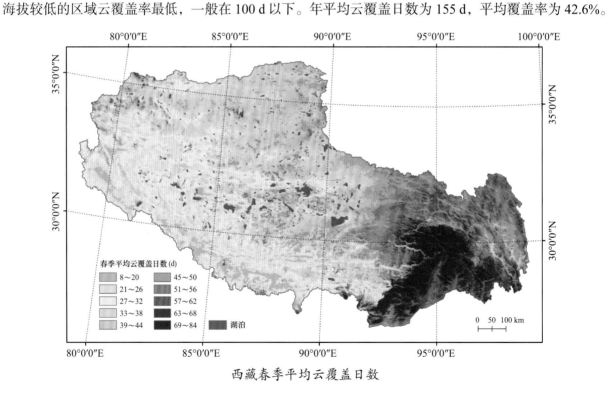

西藏春季平均云覆盖日数

春季总体上呈现高原东南部云覆盖率高、西南和西部覆盖率低的特点。覆盖日数最高出现在念青唐古拉山东延高山和喜马拉雅山东段，在 69 d 以上；而最低值出现在日喀则西南和阿里南部，平均在 26 d 以下。春季平均云覆盖日数为 42 d，平均云覆盖率达 46.2%。

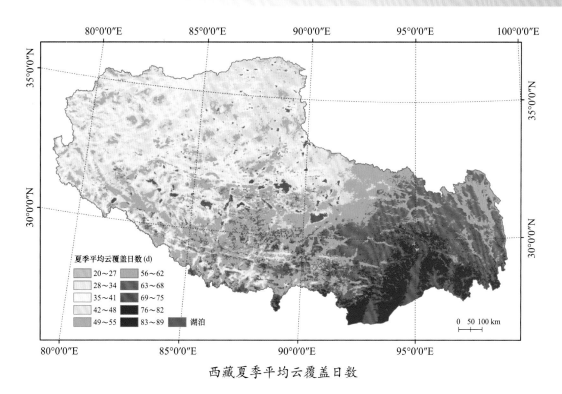

西藏夏季平均云覆盖日数

夏季平均云覆盖空间分布总体上呈现东南部到西北部、南部至北部减少趋势，以及河谷覆盖率低、高山覆盖率高的特点。雅鲁藏布江大拐弯及其南部高山区云覆盖日数在 76 d 以上，而到了西北部降至 40 d 以下。夏季平均云覆盖日数为 53 d，平均覆盖率为 58.1%，在四季中最高。

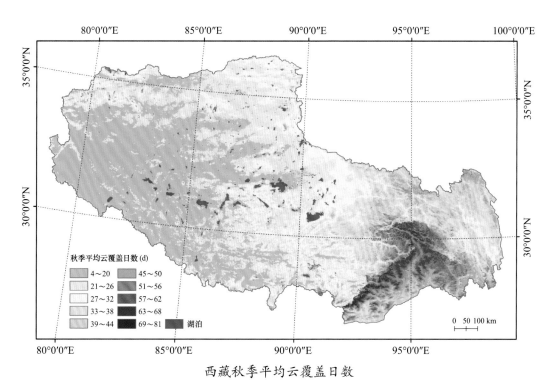

西藏秋季平均云覆盖日数

秋季平均云覆盖具有东南部高、西部低的特点。其中，雅鲁藏布江大拐弯周边及其南部云覆盖率最高，基本在 50 d 以上；而西部阿里广大地区和日喀则西南部云覆盖日数最低，在 20 d 以下。秋季平均云覆盖日数是 28 d，覆盖率为 30.6%，在四季中最低。

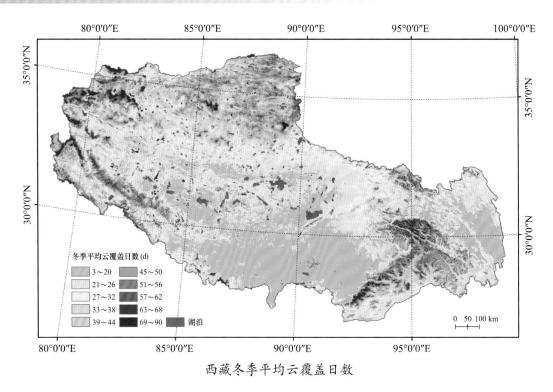

西藏冬季平均云覆盖日数

西藏冬季平均云覆盖的空间分布特点与其他三个季节有显著的不同。云覆盖的高值区出现在雅鲁藏布江大拐弯周边及其南部和高原西北部，覆盖日数在 50 d 以上；最低值出现在雅鲁藏布江中游、高原中部和东部三江河谷区，覆盖日数在 20 d 以下。平均覆盖日数是 32 d，覆盖率为 35.8%。

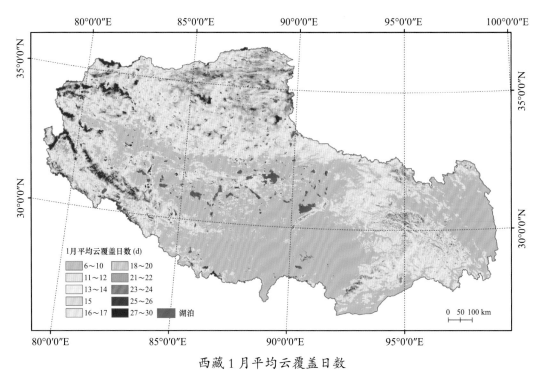

西藏1月平均云覆盖日数

1月平均云覆盖特点是高原北部和西北高山以及念青唐古拉山东延高山和喜马拉雅山东部高山云覆盖率高，一般在 18 d 以上，而广大的藏南、羌塘高原中部和藏东三江流域云覆盖率低，在 10 d 以下。1月平均云覆盖日数为 12 d，覆盖率为 39.9%。

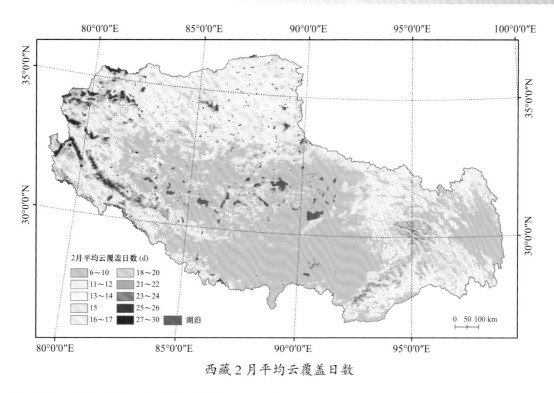

西藏 2 月平均云覆盖日数

2 月平均云覆盖日数的空间分布特点与 1 月类似,只是北部和西部的云覆盖日数有所减少,而东南部云覆盖范围存在明显增大。2 月平均云覆盖日数为 12 d,与 1 月一致,但覆盖率略有增加,达 43.2%。

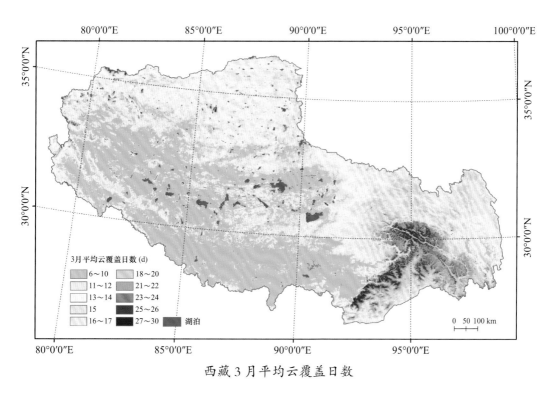

西藏 3 月平均云覆盖日数

相比 2 月,3 月西藏高原东部平均云覆盖日数增加明显,而西北部云覆盖日数减少明显。云覆盖日数最大值出现在念青唐古拉山东延高山和喜马拉雅东段高山区,平均在 23 d 以上,而高原西南和中西部广大区域云覆盖日数不足 10 d。平均云覆盖日数为 13 d,平均覆盖率为 41.4%。

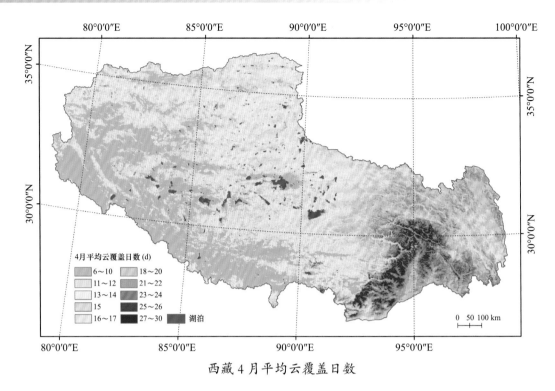

西藏4月平均云覆盖日数

4月不论是平均覆盖日数还是覆盖范围均比3月都有明显的增加。云覆盖日数最大值同样出现在雅鲁藏布江大拐弯周边及喜马拉雅东段高山，平均在23 d以上，而高原西南和西部海拔较低的地区覆盖日数不足10 d。平均云覆盖日数14 d，平均覆盖率为47.1%。

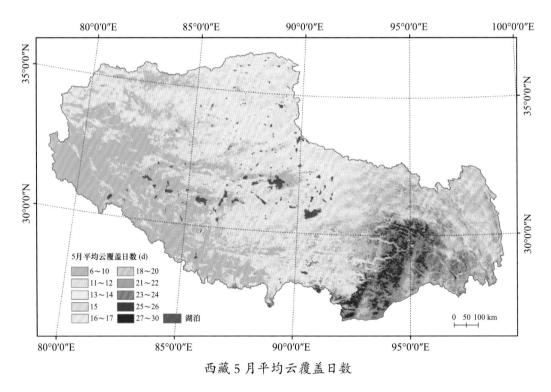

西藏5月平均云覆盖日数

5月平均云覆盖日数的空间分布特征与4月类似，东南部云覆盖日数略有增加，而西部略有减少。平均云覆盖日数为14 d，平均覆盖率为45.9%。

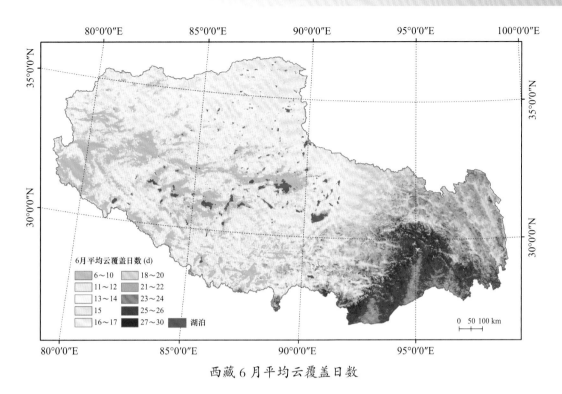

西藏 6 月平均云覆盖日数

　　6 月无论是云覆盖日数还是覆盖范围都比 5 月增加明显。云覆盖日数最大值同样出现在雅鲁藏布江大拐弯周边及喜马拉雅东段高山区，在 25 d 以上；而西南部和羌塘高原中西部海拔较低的区域云覆盖日数较低，在 12 d 以下。平均云覆盖日数是 16 d，覆盖率为 52.4%。

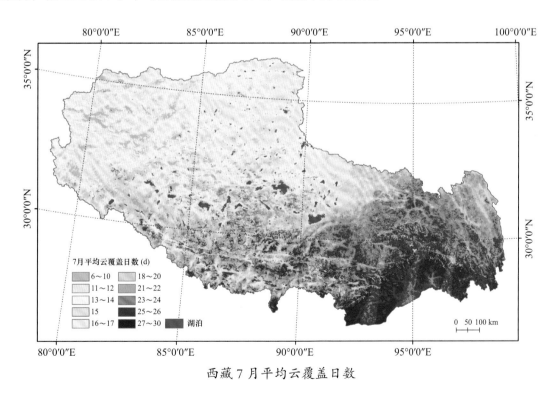

西藏 7 月平均云覆盖日数

　　7 月是高原盛夏，平均云覆盖日数在整个高原增加明显，尤其在高原东南和南部更为突出。高原东南和南部高山区云覆盖日数在 25 d 以上；云覆盖日数的低值区出现在高原北部海拔相对较低的区域，在 12 d 以下。7 月平均云覆盖日数为 19 d，云覆盖率 60.3%，在 12 个月份中最高。

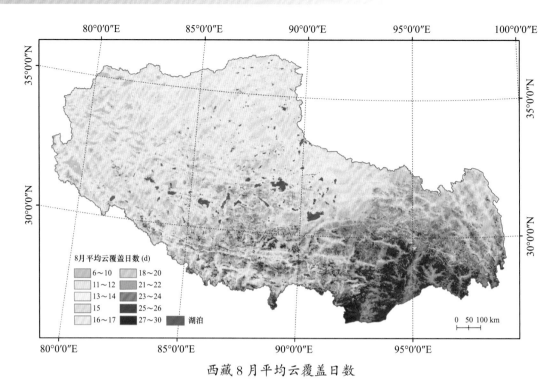

西藏8月平均云覆盖日数

　　8月西藏高原平均云覆盖相比7月空间分布变化不大，只是云覆盖日数有所减少，平均覆盖日数和覆盖率分别是18 d和56.8%。

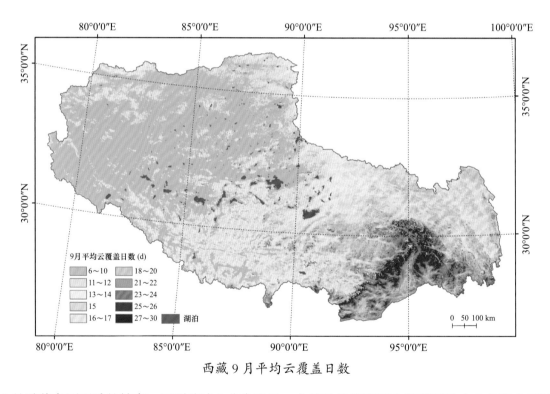

西藏9月平均云覆盖日数

　　9月随着高原雨季的结束，云覆盖减少非常明显，尤其是羌塘高原中西部至昆仑山的广大区域，云覆盖日数不足10 d；而云覆盖日数较高的值出现在念青唐古拉山东延高山及喜马拉雅东段高山区，在23 d以上。平均云覆盖日数为13 d，平均覆盖率43.8%。

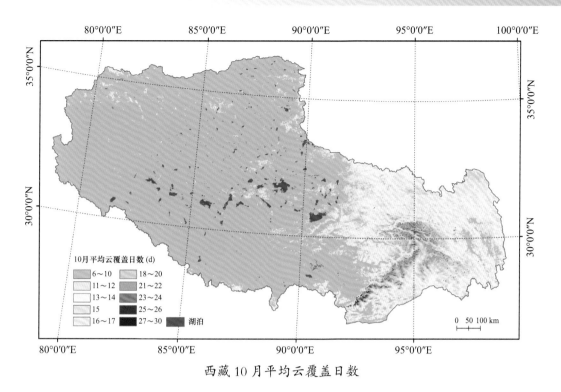

西藏 10 月平均云覆盖日数

10月高原云覆盖出现了进一步缩减，当雄—那曲—安多以西和藏南地区云覆盖日数不足10 d；较高的云覆盖日数出现在雅鲁藏布江大拐弯周边及下游高山区，云覆盖日数在20~25 d。平均云覆盖日数9 d，平均覆盖率为28.1%。

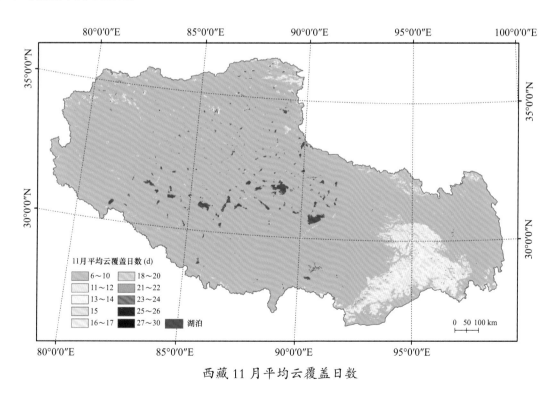

西藏 11 月平均云覆盖日数

11月云覆盖出现了进一步减少，藏东南雅鲁藏布江大拐弯附近及喜马拉雅东段高山云覆盖日数较多，一般在12~22 d，其余的广大地区云覆盖日数在10 d以下。平均云覆盖日数为5 d，平均云覆盖率16.7%，在12个月份中最低。

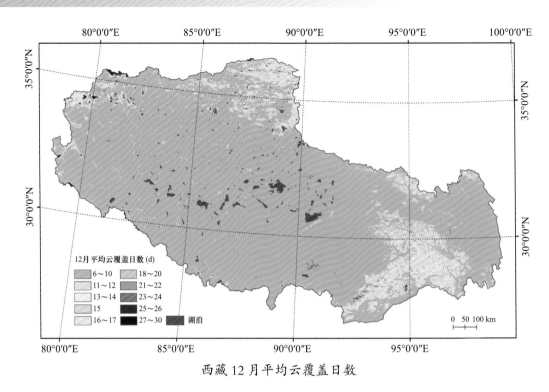

西藏12月平均云覆盖日数

　　12月云覆盖空间分布特征与11月类似，只是在高原北部较11月有所增多，平均云覆盖日数为6 d，平均覆盖率为20.0%。

图组四
积雪日数

马卡鲁峰，海拔 8463 米，为世界第五高峰。

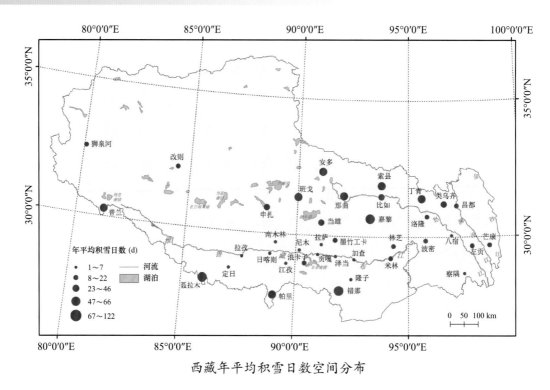

西藏年平均积雪日数空间分布

西藏年平均积雪日数嘉黎站最多，达 122 d，其次是错那站（91 d）和聂拉木站（82 d），其余台站都小于 70 d。拉孜站最少，仅 1 d，之后是日喀则站和贡嘎站，均为 3 d。高原年平均积雪日数为 29 d。

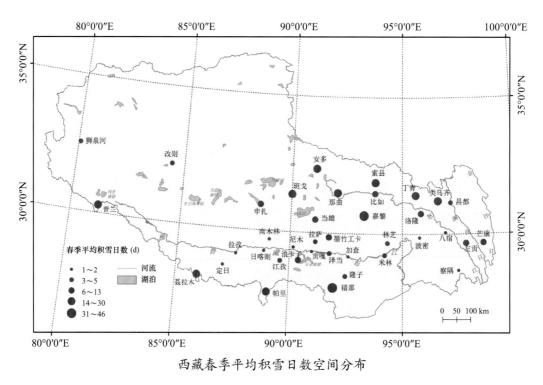

西藏春季平均积雪日数空间分布

春季平均积雪日数嘉黎站最多，为 46 d，其次是错那站（40 d）和聂拉木站（30 d），其余台站都小于 28 d，而最小值出现在拉孜、贡嘎、日喀则和八宿 4 个站，平均积雪日数为 1 d。春季高原平均积雪日数为 11 d。

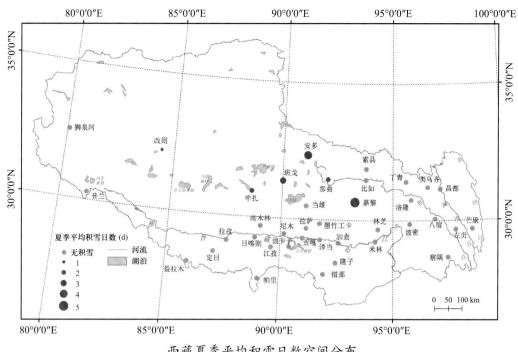

西藏夏季平均积雪日数空间分布

夏季藏北6个站有积雪分布，平均积雪日数从多到少依次是嘉黎（5 d）、安多（4 d）、班戈（3 d）和那曲站（2 d），之后是申扎站和改则站，平均仅1 d，其余32个站夏季无积雪分布。

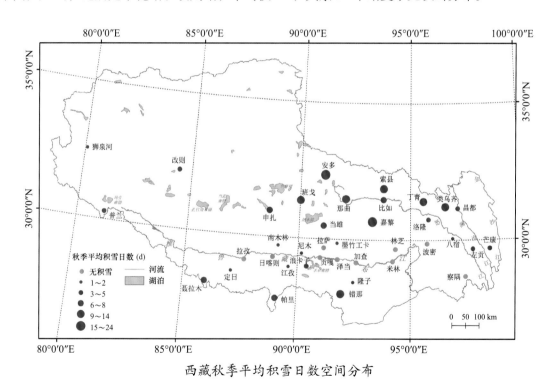

西藏秋季平均积雪日数空间分布

秋季平均积雪日数嘉黎站最多，为24 d，其次是安多站（17 d），之后是那曲（14 d）、丁青（14 d）和班戈站（12 d），其余都小于11 d，狮泉河等7个站平均为1 d，而拉孜等10站平均无积雪分布。秋季高原平均积雪日数为5 d。

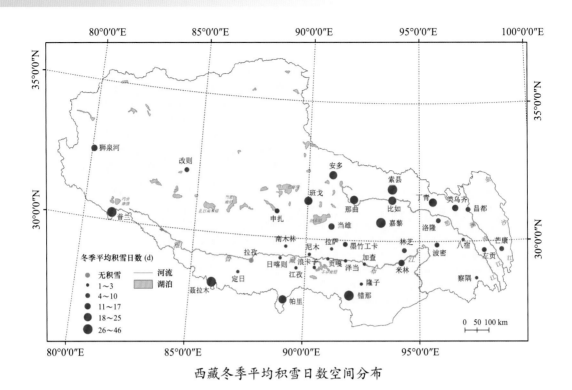

西藏冬季平均积雪日数空间分布

　　冬季西藏平均积雪日数最大值出现在嘉黎站（46 d），其次是聂拉木站（45 d）和错那站（41 d），而拉孜站冬季平均无积雪日数，总体上呈现南部河谷地区少、北部高寒地区和喜马拉雅山南麓多的空间分布特征。冬季高原平均积雪日数为 13 d。

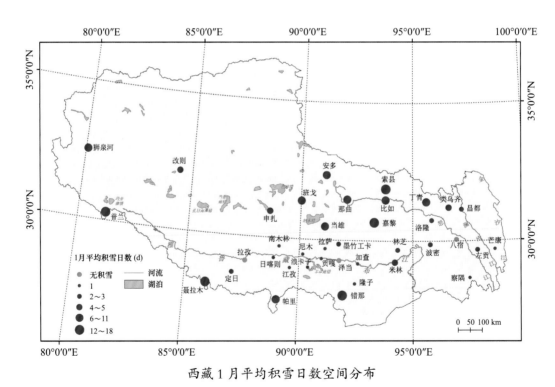

西藏1月平均积雪日数空间分布

　　1月平均积雪日数聂拉木站最多，为 18 d，其次是嘉黎站和错那站，分别是 17 d 和 16 d，而泽当、八宿和拉孜三个站平均无积雪分布，日喀则等 11 个站平均积雪日数仅 1 d。1月高原平均积雪日数为 5 d。

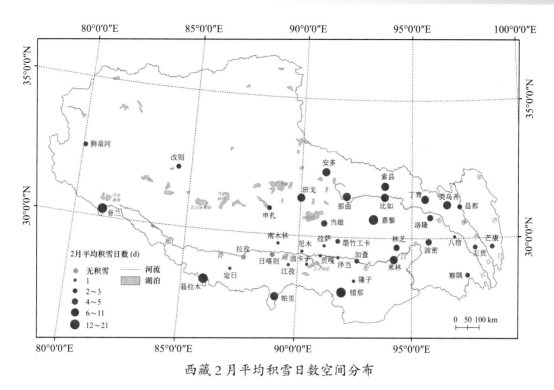

西藏2月平均积雪日数空间分布

2月平均积雪日数聂拉木站最多，达21 d，其次是错那站和嘉黎站，分别是18 d和17 d，之后是普兰站（15 d），而拉孜和日喀则两站2月平均无积雪覆盖，南木林和江孜等10个站平均仅1 d。2月高原平均积雪日数为5 d。

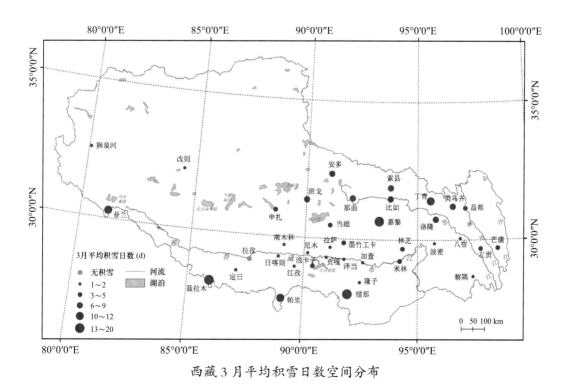

西藏3月平均积雪日数空间分布

3月平均积雪日数错那和聂拉木两站最大，均为20 d，其次是嘉黎站（17 d）和帕里站（12 d），而拉孜站3月平均无积雪分布，定日和南木林等9个站3月平均积雪日数仅1 d。3月高原平均积雪日数为5 d。

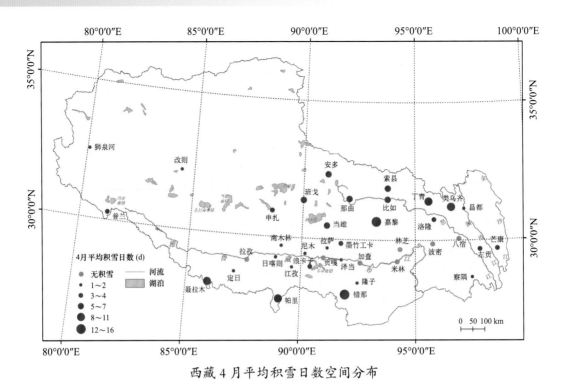

西藏4月平均积雪日数空间分布

　　4月平均积雪日数嘉黎站最大，为16 d，其次是错那站（15 d）和帕里站（11 d），其余均小于10 d，而加查和米林等7个站平均无积雪覆盖，日喀则和尼木等9个站平均积雪日数仅为1 d。4月高原平均积雪日数为4 d。

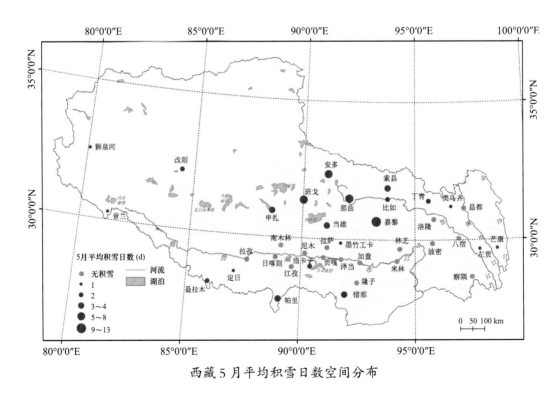

西藏5月平均积雪日数空间分布

　　5月西藏有21个站平均积雪日数大于1 d，其中嘉黎站最多（13 d），其次是安多站（8 d），之后是那曲和班戈两站，均为7 d，而察隅和波密等17个站无积雪覆盖，左贡等7个站平均仅1 d。5月高原平均积雪日数为2 d。

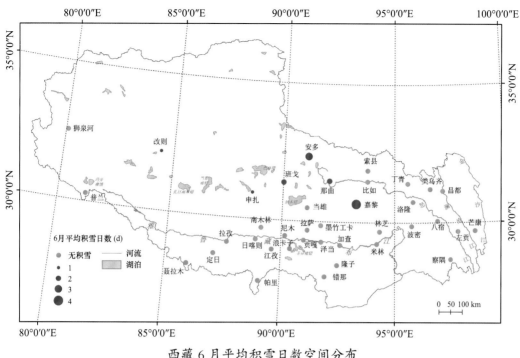

西藏6月平均积雪日数空间分布

6月西藏多数台站平均无积雪覆盖，共计32个气象站，仅藏北的6个站有积雪覆盖，包括嘉黎（4 d）、安多（3 d）、班戈（2 d）、那曲（2 d）、申扎（1 d）和改则站（1 d）。

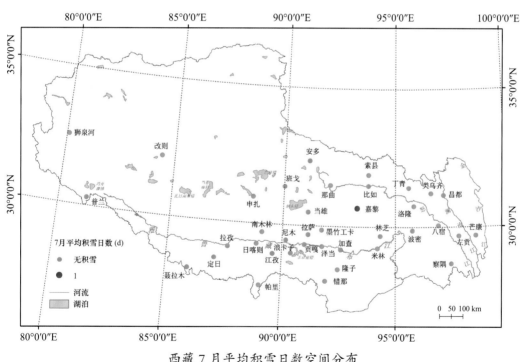

西藏7月平均积雪日数空间分布

7月正值高原盛夏和雨季，仅嘉黎气象站平均积雪日数为1 d，其余的37个气象站7月均无积雪覆盖及对应的积雪日数。

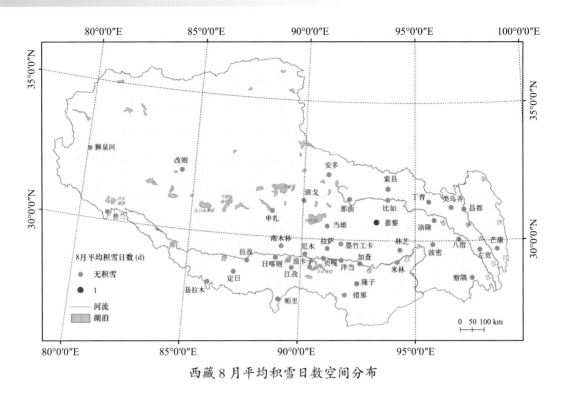

西藏 8 月平均积雪日数空间分布

8月正值高原盛夏和雨季，除藏北的嘉黎气象站平均积雪日数为 1 d 之外，其余 37 个气象站的 8 月平均积雪日数均为 0，即无积雪覆盖。

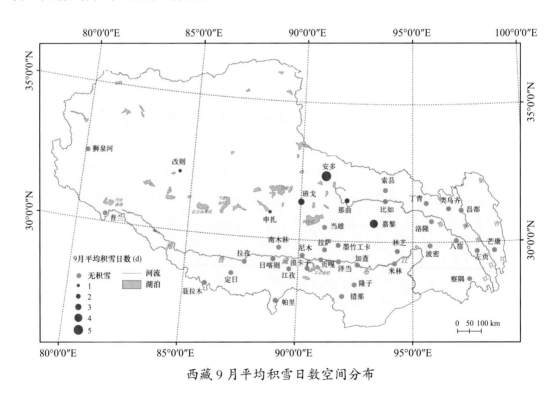

西藏 9 月平均积雪日数空间分布

9月西藏多数台站没有积雪覆盖，平均无积雪日数的共有 32 个站，而平均积雪日数最大值出现在安多和嘉黎两个站（4 d），其次是班戈站（3 d）和那曲站（2 d），最后是申扎站和改则站，均为 1 d。

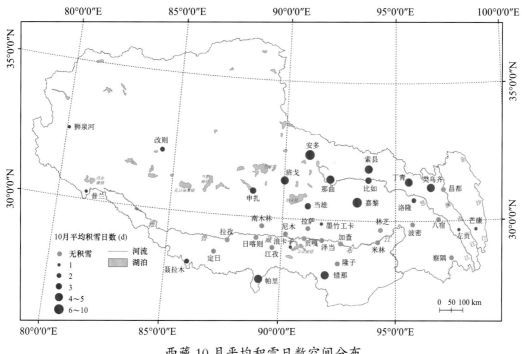

西藏10月平均积雪日数空间分布

10月平均积雪日数最大出现在嘉黎站（10 d），其次是安多站（7 d），之后是那曲、丁青和班戈站，均为5 d，而察隅等17个站没有出现积雪，狮泉河等6个站平均积雪日数仅1 d。10月高原平均积雪日数为2 d。

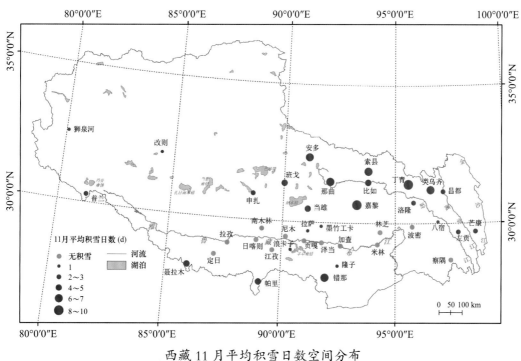

西藏11月平均积雪日数空间分布

11月平均积雪日数嘉黎站最大（10 d），其次是丁青站（8 d），之后是错那、安多和那曲站，均为7 d，而拉孜、察隅等13个站没有出现积雪现象，八宿和拉萨等7个站平均积雪日数仅为1 d。11月高原平均积雪日数为3 d。

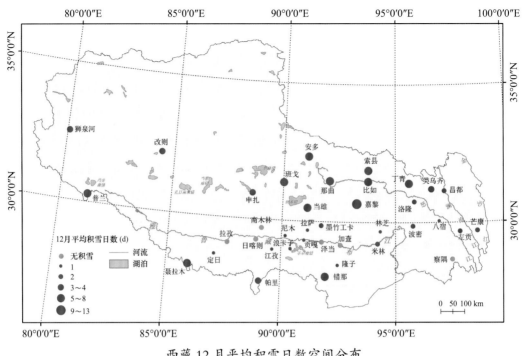

西藏12月平均积雪日数空间分布

12月平均积雪日数最大出现在嘉黎站（13 d），其次是索县站和班戈站，均为8 d。日喀则和拉孜等6个站无积雪覆盖，拉萨等9个站的平均积雪覆盖日数为1 d。12月高原平均积雪日数为3 d。

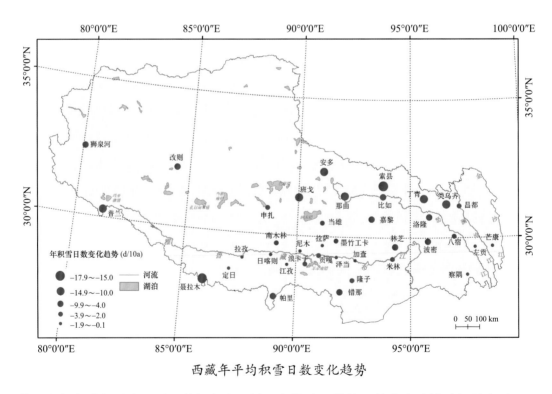

西藏年平均积雪日数变化趋势

西藏所有气象站年平均积雪日数都存在不同程度的减少趋势，其中索县站减幅最大（17.9 d/10a），其次是聂拉木站（17.8 d/10a）和那曲站（13.5 d/10a），而加查站减幅最小（0.1 d/10a），其次是拉孜站（0.5 d/10a）和芒康站（0.7 d/10a）。高原平均减幅为5.1 d/10a。

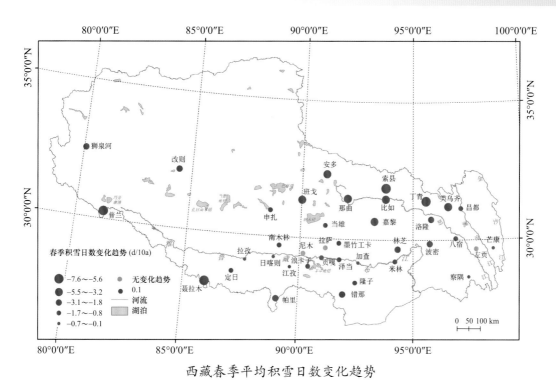

西藏春季平均积雪日数变化趋势

春季仅墨竹工卡站存在微弱增加趋势（0.1 d/10a），尼木、左贡和拉萨站无变化趋势，其余34个站呈减少趋势，其中普兰站减幅最大，达7.6 d/10a，其次是丁青站（6.6 d/10a）和索县站（6.0 d/10a）。春季高原平均减幅为1.9 d/10a。

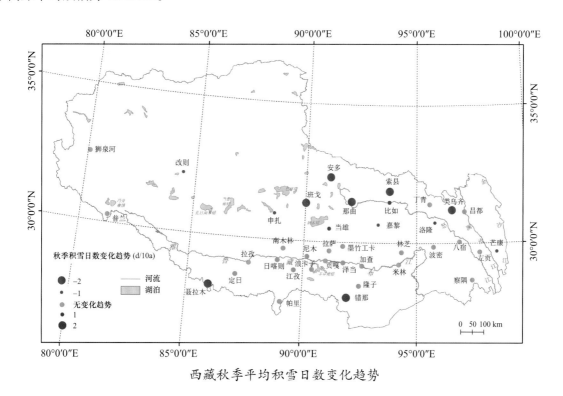

西藏秋季平均积雪日数变化趋势

秋季错那站的积雪日数增加最为明显（2.3 d/10a），其次是当雄站（0.9 d/10a）和比如站（0.5 d/10a），8个站没有变化趋势，23个站存在不同程度的减少趋势，其中安多站减幅最大（2.3 d/10a），其次是班戈站（2.2 d/10a）和索县站（2.1 d/10a）。秋季高原平均减幅为0.4 d/10a。

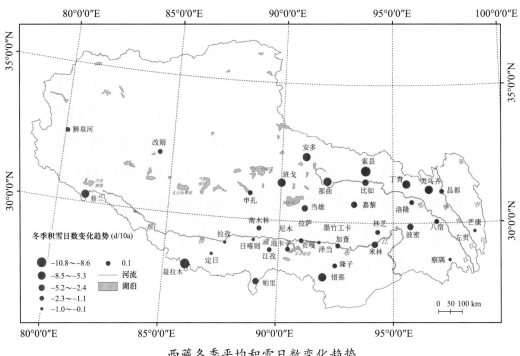

西藏冬季平均积雪日数变化趋势

冬季只有加查站的积雪日数存在 0.1 d/10a 的微弱增加趋势，其余 37 个站都呈减少趋势，其中聂拉木站最明显，达 10.8 d/10a，之后是索县站（8.6 d/10a）和那曲站（6.8 d/10a）。冬季高原平均减幅为 2.8 d/10a。

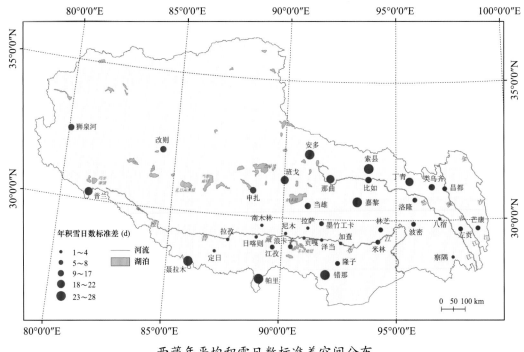

西藏年平均积雪日数标准差空间分布

西藏年平均积雪日数最大标准差出现在错那站（28 d），其次是安多、聂拉木和帕里站，均为 25 d，最小值出现在拉孜站，仅 1 d，其次是泽当和日喀则两站，各为 2 d。高原年平均积雪日数标准差为 11 d。

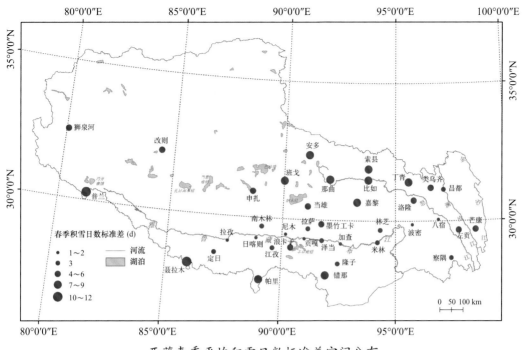

西藏春季平均积雪日数标准差空间分布

春季最大标准差出现在普兰站和聂拉木站，都为12 d，其次是嘉黎、帕里、丁青和错那站，各为9 d，而最小值出现在拉孜等6个站，其值都是1 d。高原春季平均积雪日数标准差为4 d。

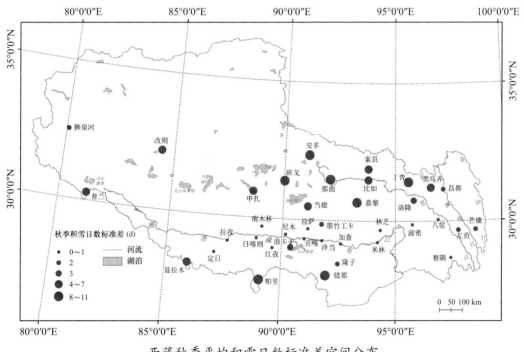

西藏秋季平均积雪日数标准差空间分布

秋季平均积雪日数最大标准差出现在安多和帕里两站，均为11 d，其次是嘉黎、班戈和那曲站，都为9 d，最小值则出现在察隅站，标准差为0，之后是拉孜等14站，均为1 d。秋季高原平均积雪日数标准差为4 d。

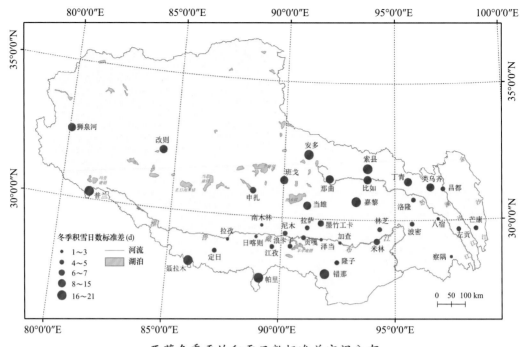

西藏冬季平均积雪日数标准差空间分布

　　冬季积雪日数最大标准差出现在错那站（21 d），其次是索县站（20 d），之后是安多等4个站，均为 9 d，最小值则出现在拉孜、日喀则和泽当站，冬季平均积雪日数标准差为 1 d。冬季高原平均标准差为 9 d。

卓奥友峰，海拔 8201 米，为世界第六高峰。

图组五
降雪日数

卓奥友峰，海拔 8201 米，为世界第六高峰。

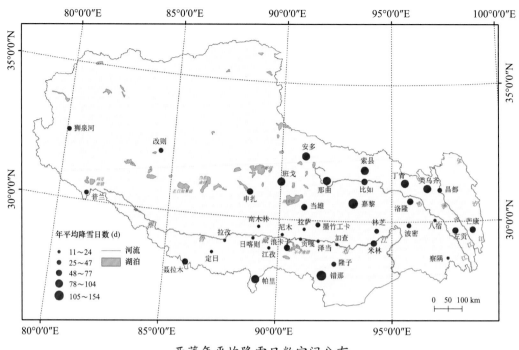

西藏年平均降雪日数空间分布

年平均降雪日数最大值出现在嘉黎站（154 d），其次是错那（126 d）、安多（104 d）和丁青站（102 d），其余都在 100 d 以下，而拉孜站最小（11 d），其次是贡嘎站（13 d），之后是日喀则站和察隅站，均为 14 d。高原年平均降雪日数为 54 d。

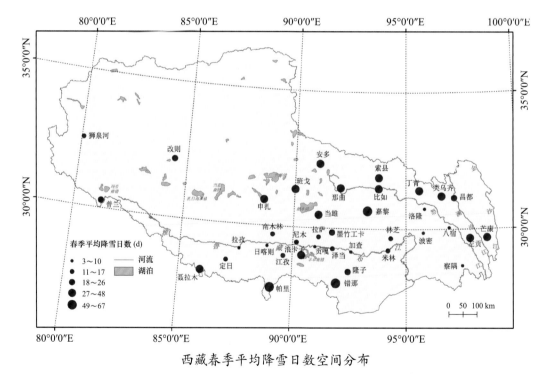

西藏春季平均降雪日数空间分布

春季平均降雪日数最多为错那站（67 d），之后是嘉黎（64 d）、帕里（52 d）和丁青站（48 d），其余都小于 45 d，最小则是察隅站（3 d），其次是拉孜站（7 d）。春季高原平均降雪日数为 25.5 d。

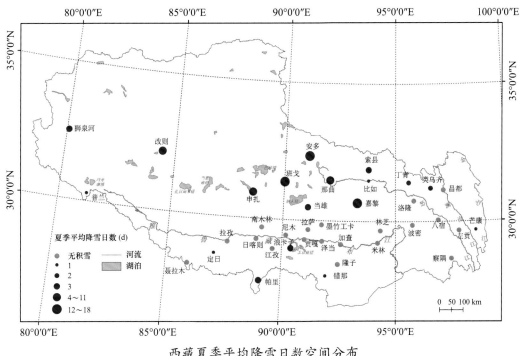

西藏夏季平均降雪日数空间分布

　　夏季平均降雪日数安多站最多，为18 d，其次是嘉黎站和班戈站，均为14 d，之后是申扎站（11 d），夏季平均没有出现降雪日数的气象站共有20个站。高原夏季平均降雪日数仅为2.5 d。

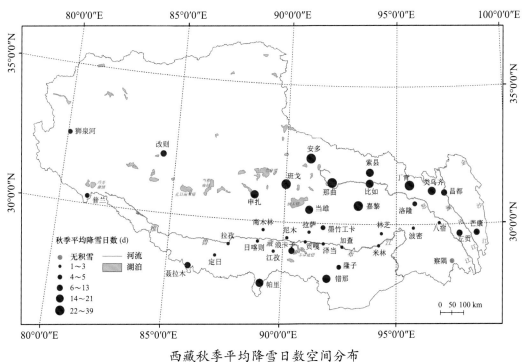

西藏秋季平均降雪日数空间分布

　　嘉黎站的秋季平均降雪日数最多，达39 d，其次是安多站（29 d），之后是那曲、班戈和丁青站，均为26 d，而察隅基本没有降雪，其次是贡嘎站，平均降雪日数仅1 d。高原秋季平均降雪日数为10.2 d。

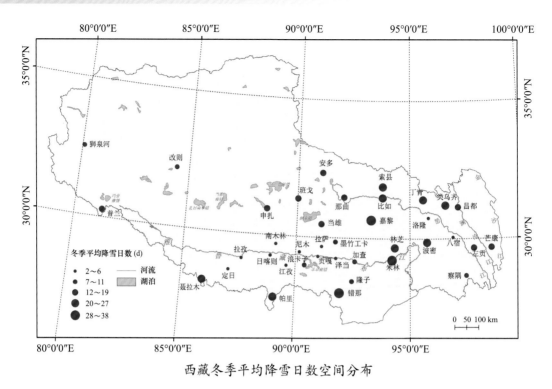

西藏冬季平均降雪日数空间分布

冬季平均降雪日数最大值出现在米林站和错那站，均为 38 d，其次是嘉黎站（37 d），之后是丁青站和聂拉木站，都为 27 d，最小值是 2 d，出现在拉孜站和日喀则站。高原冬季平均降雪日数为 14.6 d。

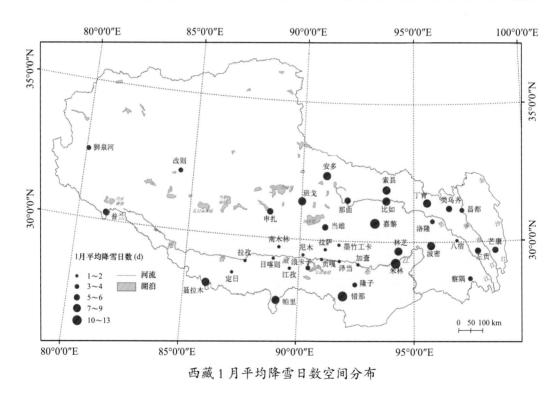

西藏 1 月平均降雪日数空间分布

1 月平均降雪日数最多的三个站是嘉黎、错那和米林站，均为 13 d，其次是丁青站和聂拉木站，都为 9 d，平均最少降雪日数是 1 d，包括八宿、贡嘎、日喀则、拉孜和江孜站。1 月高原平均降雪日数为 5.1 d。

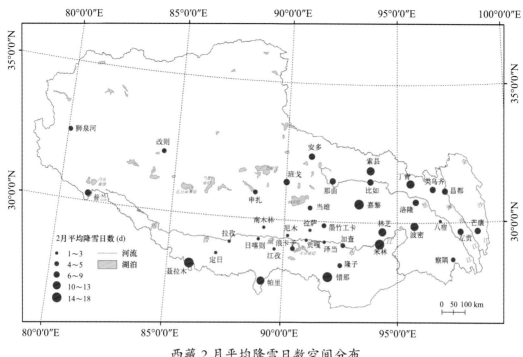

西藏2月平均降雪日数空间分布

　　错那站的2月平均降雪日数最多，为18 d，其次是米林站（17 d），之后是嘉黎站和聂拉木站，均为15 d。平均降雪日数最少是1 d，包括贡嘎、日喀则、拉孜和江孜4个站。2月高原平均降雪日数为6.8 d。

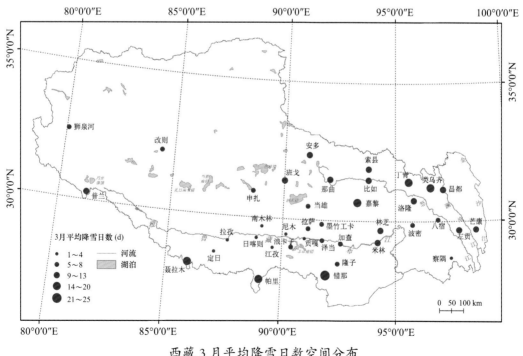

西藏3月平均降雪日数空间分布

　　3月错那站降雪日数最多（25 d），其次是嘉黎站（20 d），之后是聂拉木站（19 d）。拉孜站平均降雪日数最少，仅1 d，其次是察隅站和日喀则站，也只有2 d。3月高原平均降雪日数为9.0 d。

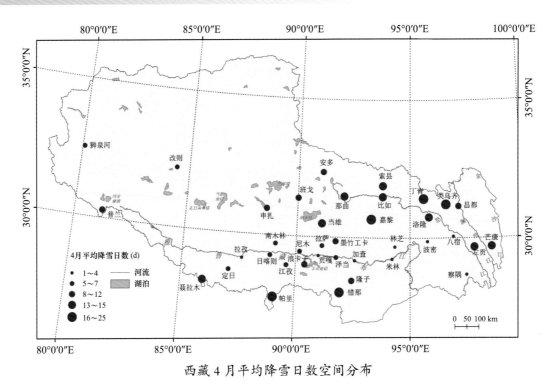

西藏 4 月平均降雪日数空间分布

4 月平均最大降雪日数出现在错那站（25 d），其次是嘉黎站（22 d），之后是丁青站和帕里站，都为 20 d，而察隅站和波密站平均降雪日数仅为 1 d，其次是米林站（3 d）。4 月高原平均降雪日数为 10.0 d。

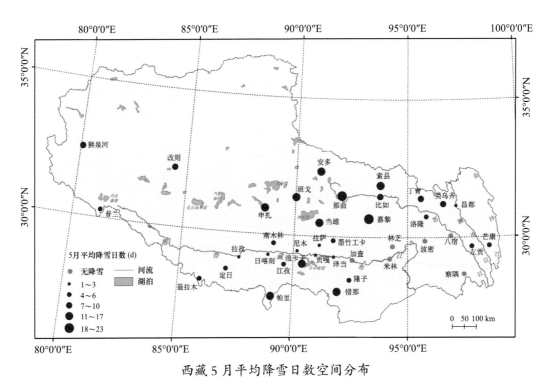

西藏 5 月平均降雪日数空间分布

5 月平均最大降雪日数出现在嘉黎站（23 d），其次是那曲站（19 d），之后是安多、班戈和错那站，均为 17 d，而察隅和波密等 6 个站 5 月平均没有降雪。5 月高原平均降雪日数为 7.0 d。

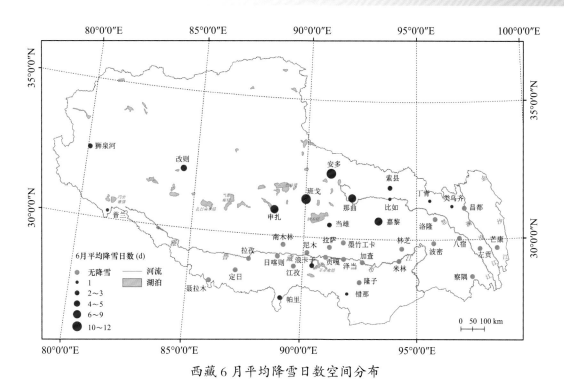

西藏6月平均降雪日数空间分布

6月安多站平均降雪日数最多（12 d），其次是班戈站（10 d），之后是嘉黎站（9 d），而22个气象站6月平均没有降雪，基本分布在南部和东部河谷地区。6月高原平均降雪日数为1.8 d。

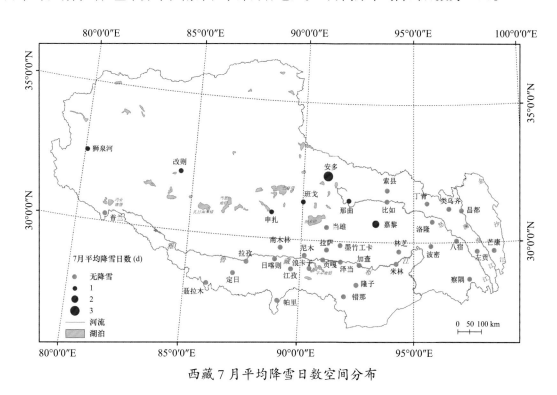

西藏7月平均降雪日数空间分布

7月高原上平均7个台站出现了降雪现象，其中安多站相对最多，为3 d，其次是嘉黎站（2 d），其余5个站均为1 d。7月份高原多数台站无降雪，共计有31个站。7月高原平均降雪日数为0.3 d。

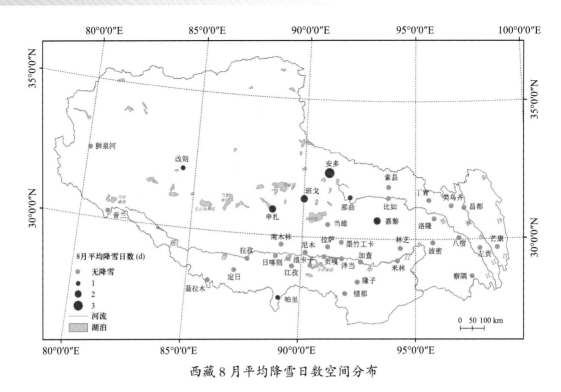

西藏 8 月平均降雪日数空间分布

　　8 月平均降雪日数与 7 月基本一致，共有 7 个站有降雪天气现象出现，其中安多站平均降雪日数最多（3 d），其次是班戈、申扎和嘉黎站，各为 2 d，而 31 个站平均无降雪日数。8 月高原平均降雪日数为 0.3 d。

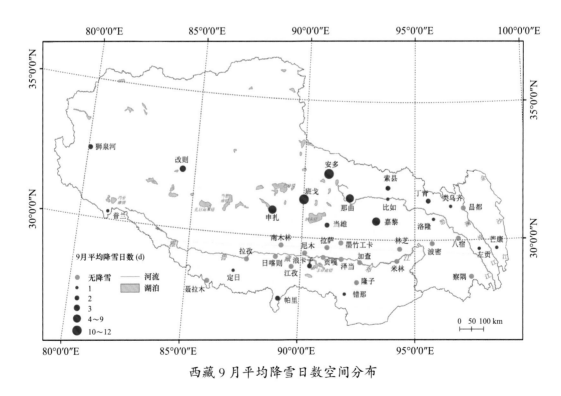

西藏 9 月平均降雪日数空间分布

　　9 月安多站平均降雪日数最多（12 d），其次是班戈站（10 d），之后是嘉黎站（9 d），而没有出现降雪天气现象的气象站共有 18 个站。9 月高原平均降雪日数为 1.8 d。

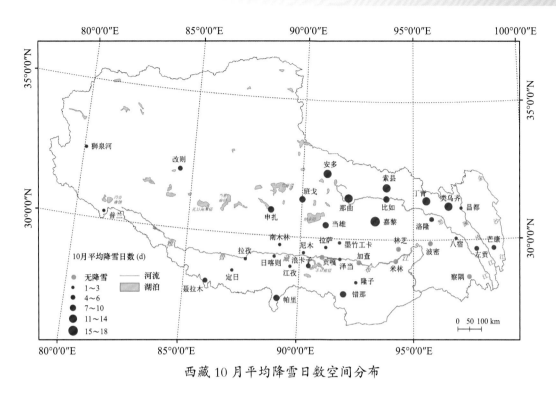

西藏 10 月平均降雪日数空间分布

10月嘉黎站的平均降雪日数最多（18 d），其次是丁青站（14 d），之后是那曲站（13 d），而察隅、波密、米林、林芝、贡嘎和加查 6 个站没有出现降雪天气现象。10月高原平均降雪日数为 5.0 d。

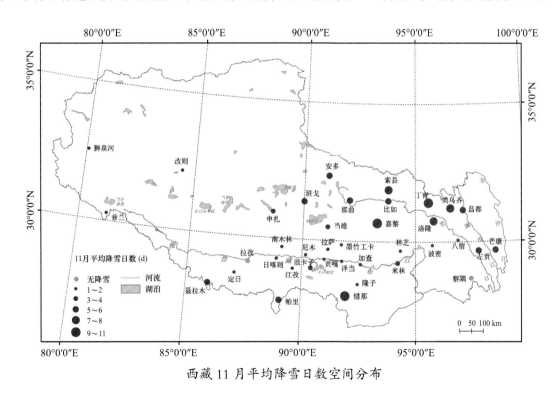

西藏 11 月平均降雪日数空间分布

11月嘉黎站平均降雪日数最多（11 d），其次是丁青站（10 d），之后是错那站（9 d），无降雪日数的有 2 个站，分别是察隅站和拉孜站。11月高原平均降雪日数为 3.7 d。

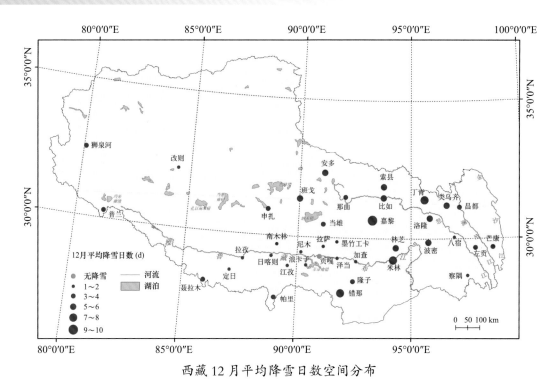

西藏12月平均降雪日数空间分布

12月平均降雪日数最大值出现在嘉黎站（10 d），其次是错那站和米林站，均为8 d，之后是丁青站（7 d），而仅贡嘎站平均无降雪日数，察隅等12站平均降雪日数为1 d。12月高原平均降雪日数为3.4 d。

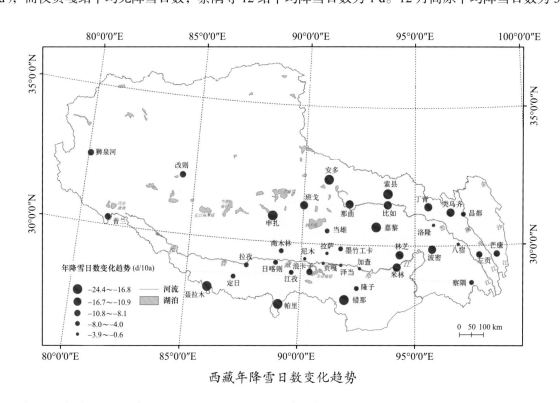

西藏年降雪日数变化趋势

西藏所有气象站的年降雪日数均呈减少趋势，其中帕里站减幅最大（24.4 d/10a），其次是错那站（20.2 d/10a）和申扎站（19.0 d/10a），而贡嘎站减幅最小（0.6 d/10a），之后是加查站（1.3 d/10a）和拉萨站（1.7 d/10a）。高原年降雪日数平均减幅达9.4 d/10a。

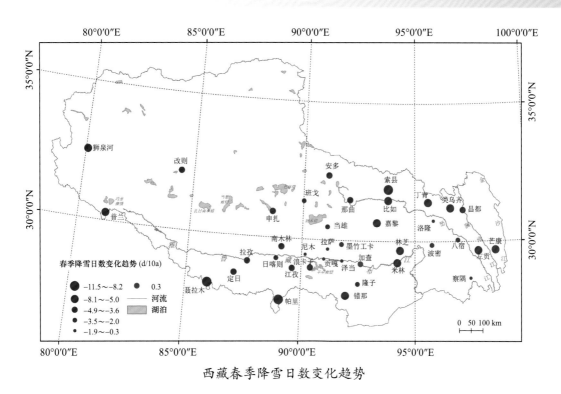

西藏春季降雪日数变化趋势

　　春季降雪日数最大减少趋势出现在帕里站，达 11.5 d/10a，其次是索县站（9.9 d/10a）和聂拉木站（8.2 d/10a），而贡嘎站减幅最小（0.3 d/10a），仅在加查站出现了 0.3 d/10a 的微弱增加趋势。高原春季降雪日数平均减幅为 4.1 d/10a。

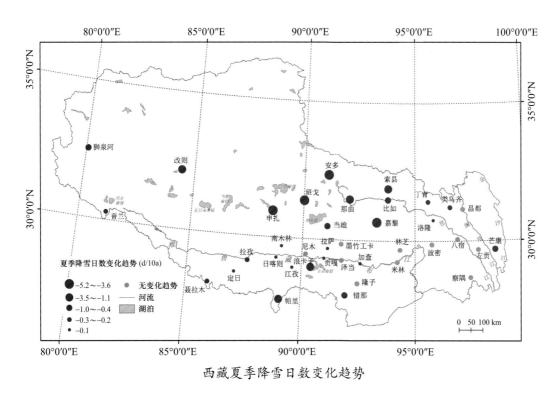

西藏夏季降雪日数变化趋势

　　夏季降雪日数有 27 个站存在不同程度的减少趋势，其中安多站减幅最大，达 5.2 d/10a，其次是申扎站和嘉黎站，均为 4.6 d/10a，而泽当、昌都和尼木等 11 个站无变化趋势。高原夏季降雪日数平均减幅为 0.8 d/10a。

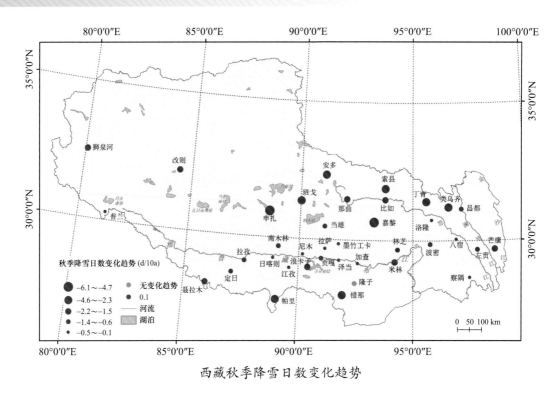

西藏秋季降雪日数变化趋势

秋季降雪日数仅贡嘎站存在 0.1 d/10a 的微弱增加趋势，隆子站无变化趋势，其余 36 个站存在不同程度的减少趋势，其中申扎站相对最明显（6.1 d/10a），其次是嘉黎（4.7 d/10a）、帕里（3.7 d/10a）和班戈站（3.3 d/10a）。高原秋季降雪日数平均减幅为 1.5 d/10a。

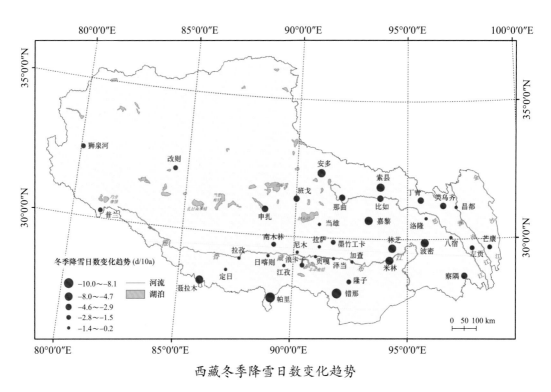

西藏冬季降雪日数变化趋势

冬季西藏所有台站的平均降雪日数均呈减少趋势，其中错那站减幅最大（10.0 d/10a），其次是帕里（8.1 d/10a）、波密（6.9 d/10a）和聂拉木站（5.9 d/10a），而洛隆站的减幅最小（0.2 d/10a）。高原冬季降雪日数平均减幅达 2.9 d/10a。

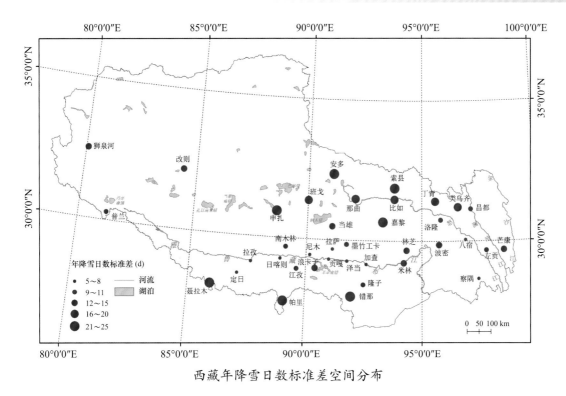

西藏年降雪日数标准差空间分布

　　西藏年降雪日数最大标准差出现在嘉黎站（25 d），其次是安多、申扎和帕里站，均为24 d，而八宿站和贡嘎站最小，均为5 d，其次是尼木站（6 d）。高原年平均降雪日数标准差为13 d。

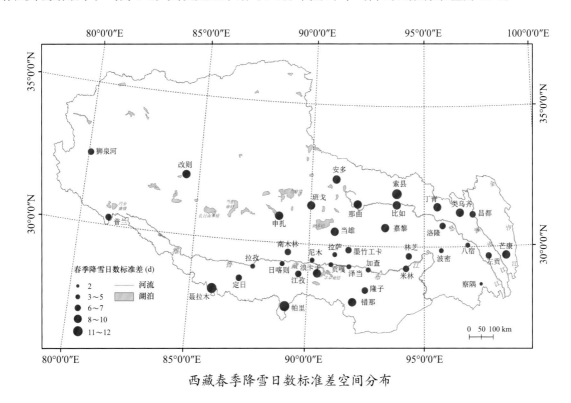

西藏春季降雪日数标准差空间分布

　　帕里站和索县站的春季降雪日数标准差值最大，均为12 d，其次是聂拉木站（11 d），而察隅站最小（2 d），其次是波密、八宿、贡嘎和尼木站，均为4 d。高原春季高原平均降雪日数标准差为7 d。

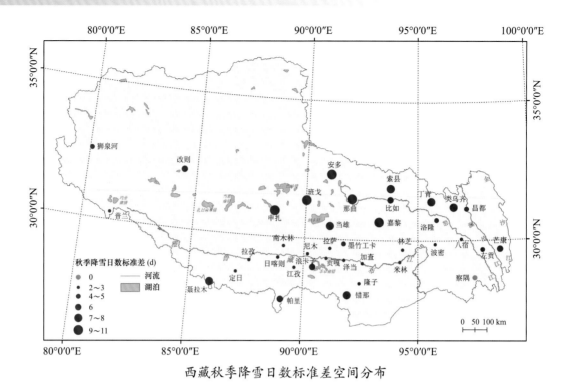

西藏秋季降雪日数标准差空间分布

嘉黎站秋季降雪日数标准差最大，为11 d，其次是安多、申扎和班戈站，均为10 d，而察隅站标准差为0，波密和八宿等7个站为2 d。高原秋季平均降雪日数标准差为5 d。

图组六
积雪深度

希夏邦马峰，海拔 8012 米，为世界第十四高峰。

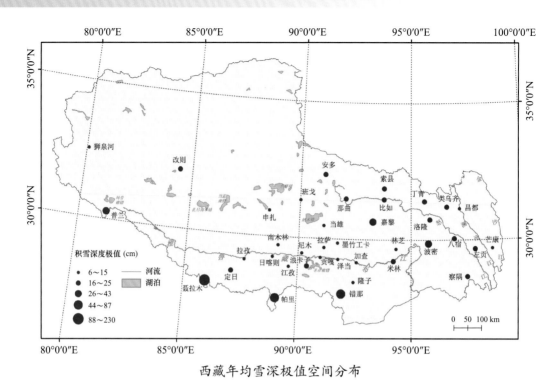

西藏年均雪深极值空间分布

30年平均雪深极值最大值出现在聂拉木气象站，达230 cm，时间是1989年1月，其次是帕里站（87 cm）和错那站（64 cm），出现时间分别是1996年2月和2008年10月。极值最小值出现在日喀则站（6 cm），时间是1990年3月，其次是加查站（7 cm）和贡嘎站（8 cm），分别出现在1983年3月和1989年3月。

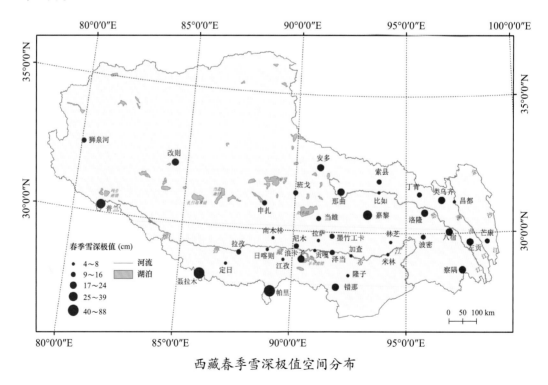

西藏春季雪深极值空间分布

春季雪深极值聂拉木气象站最大，为88 cm，其次是帕里站（83 cm）和嘉黎站（39 cm），而江孜站最小，为4 cm，其次是米林站（5 cm），之后是林芝、日喀则和定日三个站，均为6 cm。

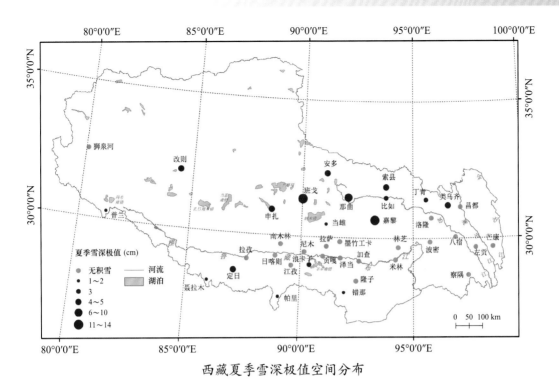

西藏夏季雪深极值空间分布

夏季雪深极值在 1 cm 以上的站共有 17 个，其中嘉黎站最高，为 14 cm，其次是班戈站（12 cm）和那曲站（10 cm），夏季没有雪深记录的台站共有 21 个。

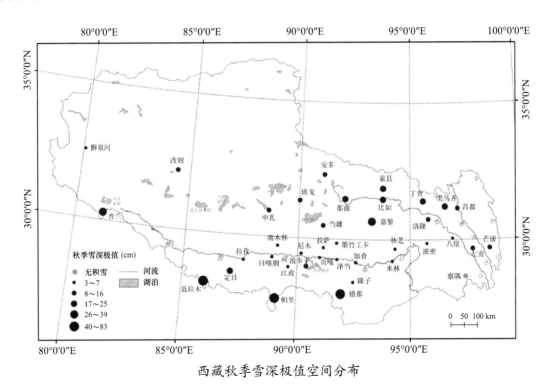

西藏秋季雪深极值空间分布

秋季雪深极值最大值出现在帕里站（83 cm），其次是错那站（64 cm）和聂拉木站（55 cm），而仅察隅站没有积雪现象，之后是林芝、拉萨和南木林站，均为 3 cm。

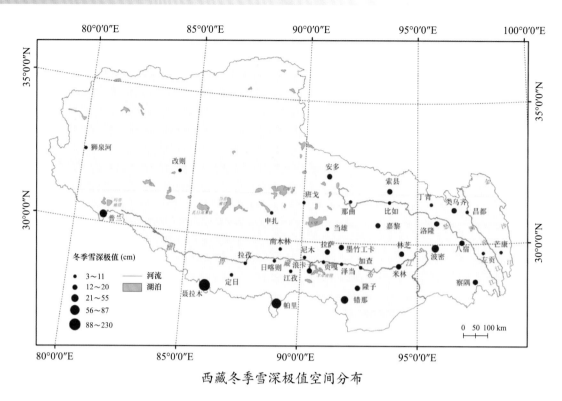

西藏冬季雪深极值空间分布

聂拉木站冬季雪深极值最大，达到 230 cm，出现时间是 1989 年 1 月 9 日，其次是帕里站（87 cm）和错那站（55 cm），而最小值出现在拉孜站（3 cm），其次是日喀则站和南木林站，均为 4 cm。

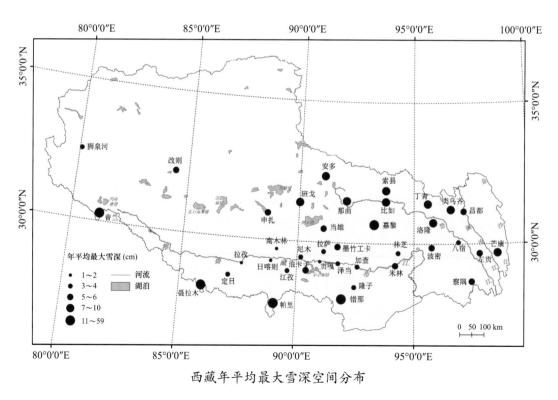

西藏年平均最大雪深空间分布

聂拉木站年平均最大雪深最大，达 59 cm，其次是帕里站（25 cm）和错那站（21 cm），最小出现在拉孜站（1 cm），其次是日喀则、南木林、贡嘎和江孜站，均为 2 cm。

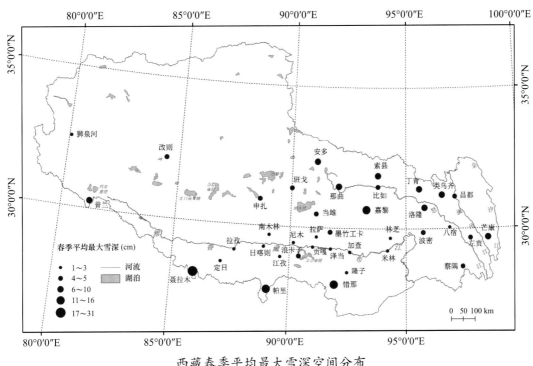

西藏春季平均最大雪深空间分布

　　春季平均最大雪深出现在聂拉木站（31 cm），之后是嘉黎站和帕里站，均为16 cm，而日喀则、拉孜、南木林、贡嘎和定日5个站相对最小，都为1 cm。

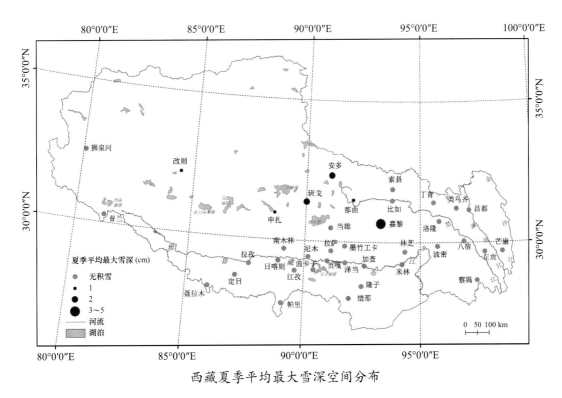

西藏夏季平均最大雪深空间分布

　　夏季平均最大雪深有6个站达到1 cm以上，其中嘉黎站最大（5 cm），其次是班戈站和安多站，都为2 cm，而其余32个站的夏季平均最大雪深为0 cm，平均无积雪分布。

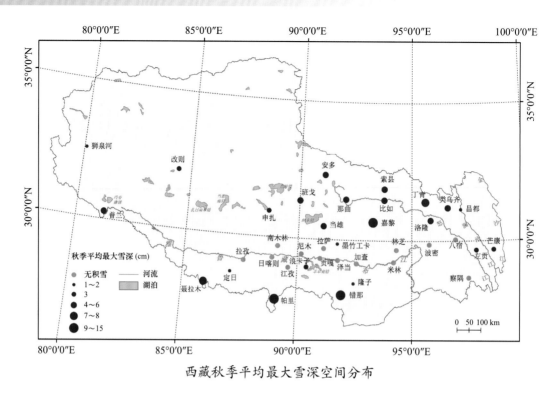

西藏秋季平均最大雪深空间分布

秋季平均最大雪深出现在嘉黎站（15 cm），其次是帕里站（11 cm）和错那站（10 cm），而察隅、贡嘎和林芝等14个站秋季平均最大雪深为0 cm，平均无积雪分布，主要分布在南部干暖河谷地区。

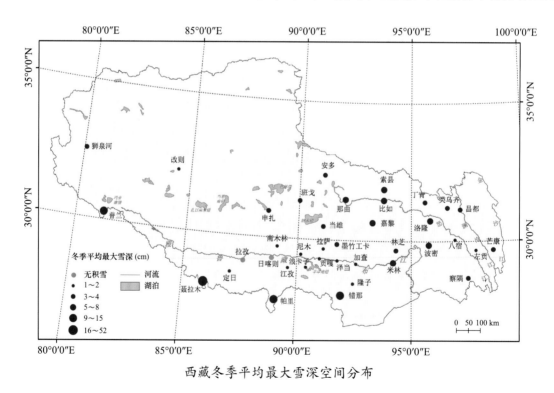

西藏冬季平均最大雪深空间分布

聂拉木站的冬季平均最大雪深最大，达52 cm，其次是错那站和普兰站，都为15 cm，之后是帕里站（13 cm），而拉孜站和日喀则站的平均最大雪深为0 cm，平均无积雪分布，南木林等9个站的冬季平均最大雪深值为1 cm。

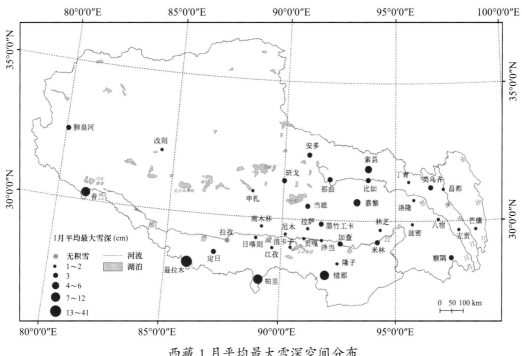

西藏1月平均最大雪深空间分布

　　1月平均最大雪深聂拉木站最大（41 cm），之后是错那（12 cm）、帕里（9 cm）和普兰站（9 cm）；最小值在拉孜站，基本没有积雪，之后是八宿、昌都和浪卡子等12个站，平均最大雪深为1 cm。30年平均值是3.6 cm。

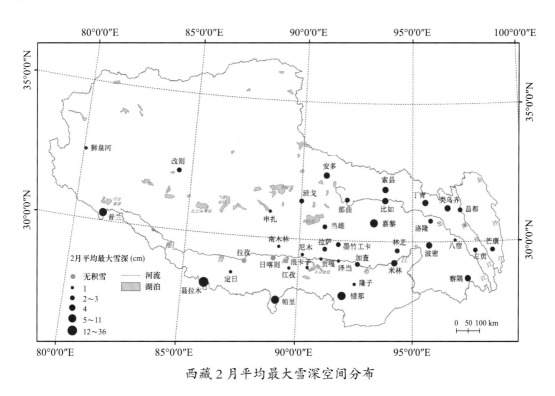

西藏2月平均最大雪深空间分布

　　2月平均最大雪深出现在聂拉木站，达36 cm，其次是普兰站和错那站，均为11 cm，之后是帕里站（10 cm），最小值在拉孜站和日喀则站，基本没有积雪分布，其后是南木林等11站，平均最大雪深为1 cm。30年平均值是3.7 cm。

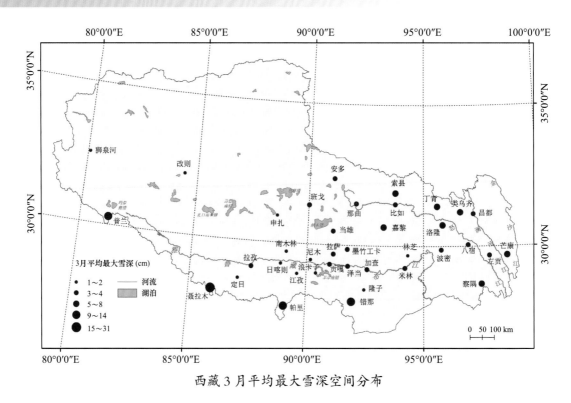

西藏 3 月平均最大雪深空间分布

　　3 月平均最大雪深聂拉木站最大（31 cm），其次是帕里站（14 cm）和错那站（12 cm）。定日、隆子和南木林等 7 站的平均最大雪深为 1 cm。30 年平均值是 4.3 cm。

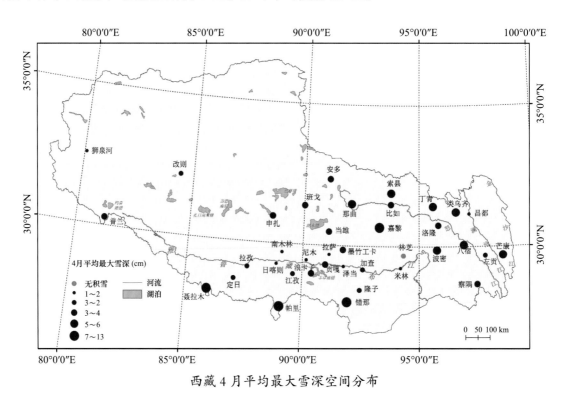

西藏 4 月平均最大雪深空间分布

　　4 月平均最大雪深聂拉木站最大（13 cm），其次是嘉黎（11 cm）、错那（9 cm）和帕里站（9 cm）。最小值出现在林芝站，平均最大雪深为 0 cm，其次米林等 7 个站的平均最大雪深为 1 cm。30 年平均值是 3.5 cm。

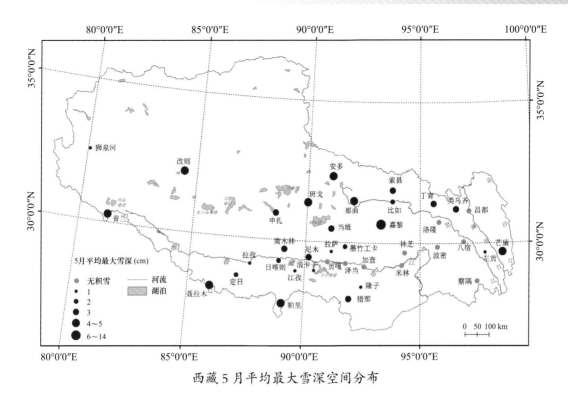

西藏 5 月平均最大雪深空间分布

　　5 月平均最大雪深出现在嘉黎站，为 14 cm，其次为安多站（5 cm），之后是班戈等 5 个雪深 4 cm 的台站，而察隅等 10 个站基本没有积雪。30 年平均值为 2.1 cm。

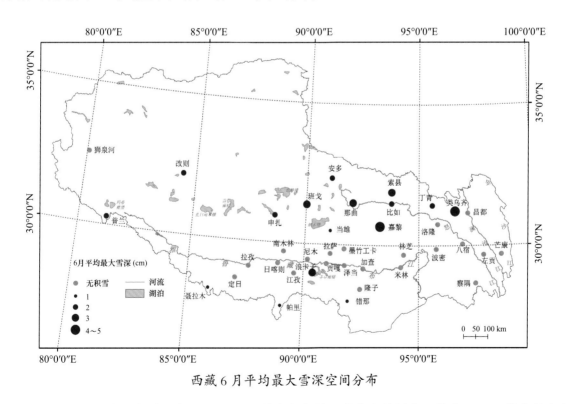

西藏 6 月平均最大雪深空间分布

　　6 月有 16 站的平均最大雪深在 1 cm 以上，其中嘉黎站和类乌齐站最大，均为 5 cm，其次是浪卡子站和索县站，都为 3 cm，而其余 22 个站的最大雪深为 0 cm，平均无积雪分布。30 年平均值为 0.9 cm。

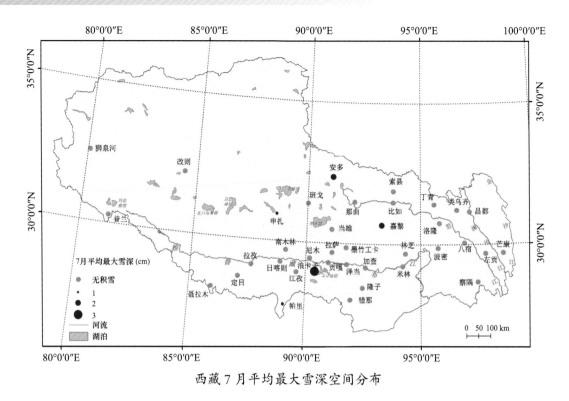

西藏7月平均最大雪深空间分布

7月仅5个站的平均最大雪深在1 cm及以上，其中浪卡子站最大（3 cm），其次是安多站和嘉黎站，各为2 cm，其余33个站的7月平均最大雪深为0 cm，平均无积雪分布。高原30年平均值为0.2 cm。

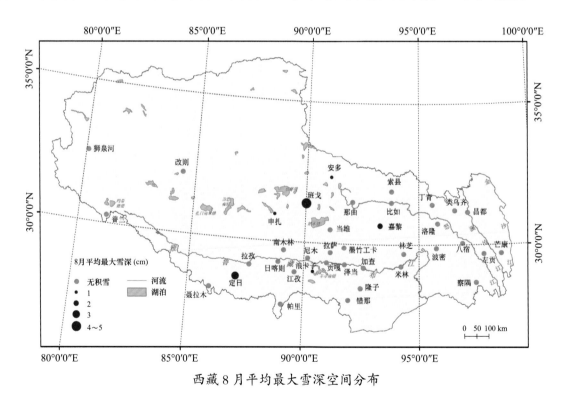

西藏8月平均最大雪深空间分布

8月仅有6个站的平均最大雪深在1 cm及以上，其中班戈站最大，为5 cm，其次是定日站（3 cm）和嘉黎站（2 cm），其余32个站的8月平均最大雪深为0 cm，平均无积雪分布。30年平均值为0.4 cm。

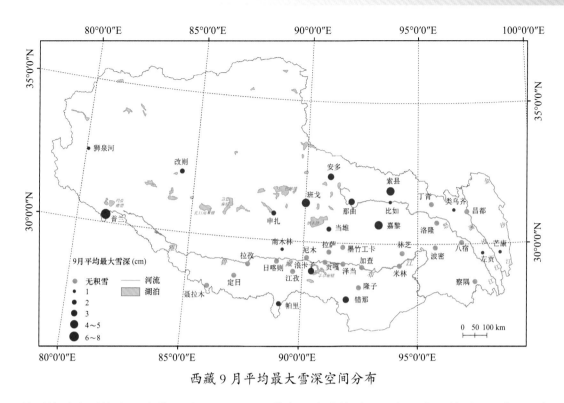

西藏9月平均最大雪深空间分布

9月平均最大雪深出现在普兰站，达8 cm，其次是嘉黎站（5 cm）和索县站（4 cm），而有20个台站的9月平均最大雪深为0 cm。30年平均值为1.1 cm。

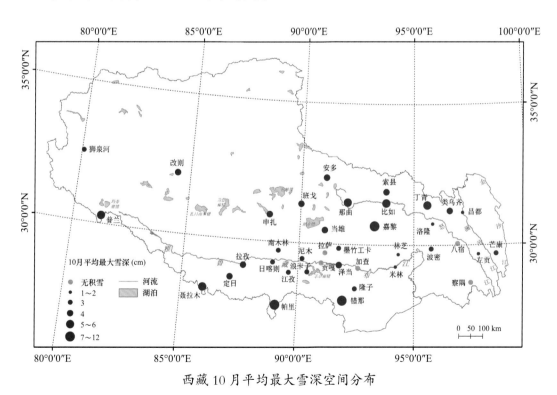

西藏10月平均最大雪深空间分布

10月平均最大雪深出现在嘉黎站，达12 cm，其次是帕里站（11 cm）和错那站（9 cm），而察隅、八宿、贡嘎、拉萨和加查5个站的平均最大雪深为0 cm，平均无积雪分布。30年平均值为3.2 cm。

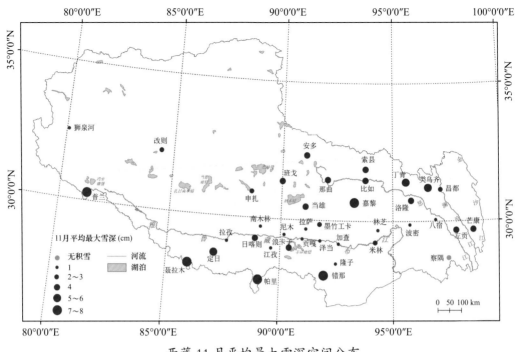

西藏 11 月平均最大雪深空间分布

11 月仅察隅站的平均最大雪深为 0 cm，其余台站均在 1 cm 及以上，其中聂拉木、嘉黎、帕里和普兰站的平均最大雪深最大，为 8 cm，其次是错那站（7 cm）。30 年平均值为 3.0 cm。

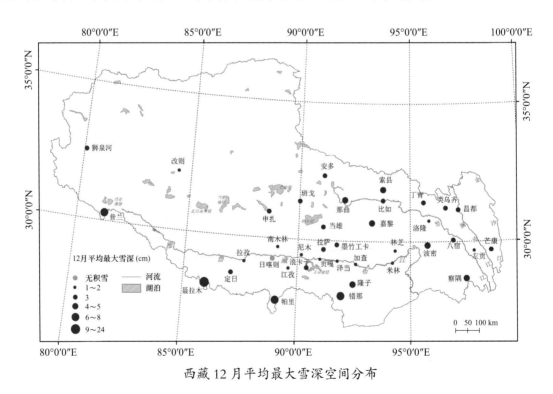

西藏 12 月平均最大雪深空间分布

12 月日喀则站的平均最大雪深为 0 cm，其余 37 个站的平均最大雪深在 1 cm 及以上，其中聂拉木站最大，为 24 cm，其次是错那站（8.0 cm），之后是帕里站和普兰站，均为 7 cm。30 年平均值为 3.1 cm。

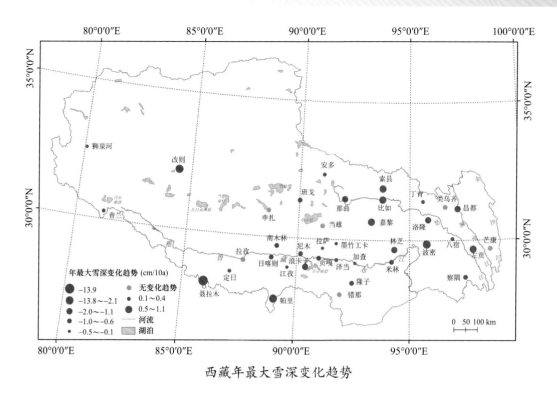

西藏年最大雪深变化趋势

22 个站的年最大雪深呈减少趋势，其中聂拉木站减幅最大，达到 13.9 cm/10a，其次是帕里站（3.2 cm/10a）和波密站（2.3 cm/10a），有 10 个台站存在不同程度的增加趋势，其中嘉黎站和索县站相对较明显，分别是每 10 年增加 1.1 cm 和 1.0 cm。6 个站无变化趋势。高原年最大雪深平均减幅为 0.8 cm/10a。

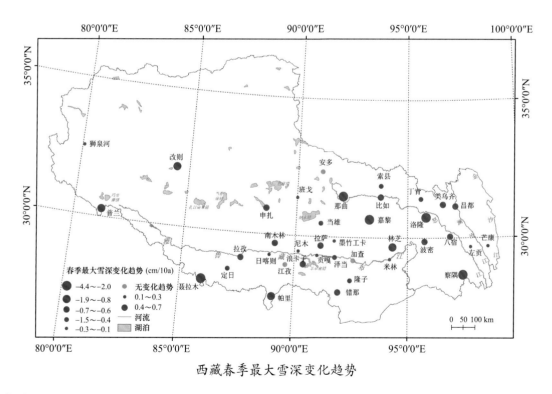

西藏春季最大雪深变化趋势

春季 25 个站的最大雪深呈减少趋势，其中聂拉木站减幅最大，为 4.4 cm/10a，其次是洛隆站（2.6 cm/10a）和嘉黎站（2.5 cm/10a），而 10 个站略有增加趋势，其中错那站增加较为明显（0.7 cm/10a），有 3 个站无变化趋势。高原春季最大雪深平均减幅为 0.5 cm/10a。

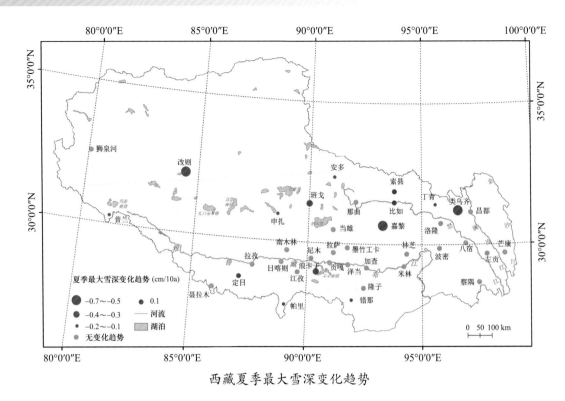

西藏夏季最大雪深变化趋势

夏季 11 个站最大雪深呈减少趋势，其中改则站减幅最大（0.7 cm/10a），其次是类乌齐站和嘉黎站，都为 0.5 cm/10a，而索县等 3 个站呈每 10 年 0.1 cm 的略微上升趋势。高原夏季最大雪深平均减幅为 0.1 cm/10a。

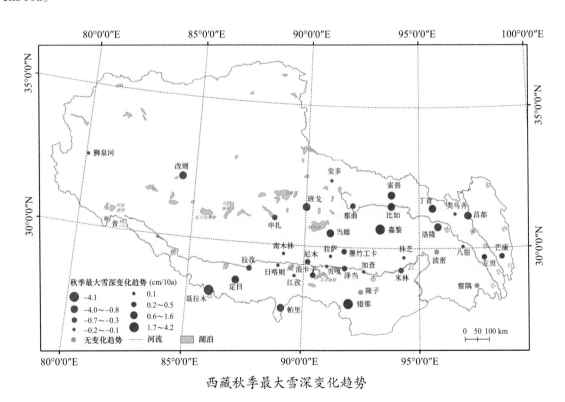

西藏秋季最大雪深变化趋势

秋季最大雪深最大减幅出现在聂拉木站（4.1 cm/10a），其次是改则站（1.4 cm/10a），而 15 个站有不同程度的增加趋势，其中嘉黎站增加最明显（4.2 cm/10），其次是错那站（3.5 cm/10a）。高原秋季最大雪深平均减幅为 0.1 cm/10a。

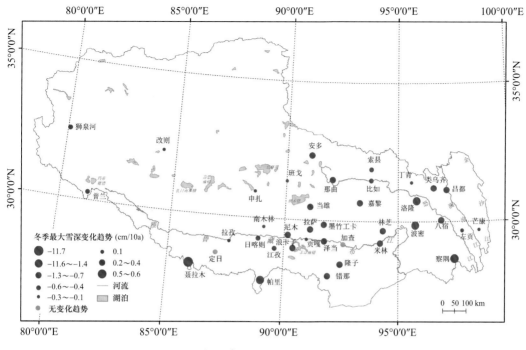

西藏冬季最大雪深变化趋势

　　冬季最大雪深呈不同程度减少趋势的共有 33 个站，其中聂拉木站减幅最大（11.7 cm/10a），而 3 个站呈增加趋势，其中察隅站相对较明显，为 0.6 cm/10a，其次是泽当站（0.4 cm/10a）。2 个站无变化趋势。高原冬季最大雪深平均减幅为 0.9 cm/10a。

图组七
气　温

格重康峰，海拔 7952 米，为世界第十五高峰。

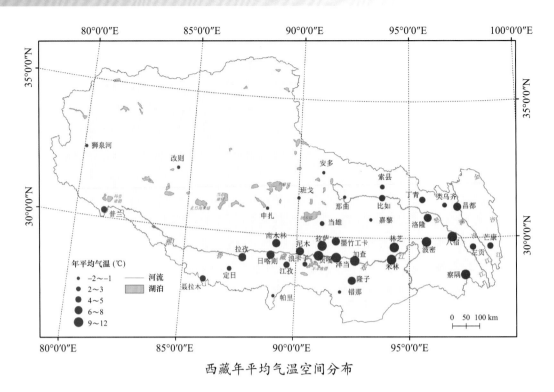

西藏年平均气温空间分布

察隅站年平均气温最高，达 12.2 ℃，之后是八宿站（10.8 ℃）和加查站（9.6 ℃），而最低值出现在安多站（−2.2 ℃），其次是那曲站（−0.3 ℃），之后是班戈和嘉黎两个站，均为 −0.1 ℃。总体上呈现南部河谷地区平均气温高、南北高寒地区平均气温低的空间分布格局。高原 40 年平均气温为 4.9 ℃。

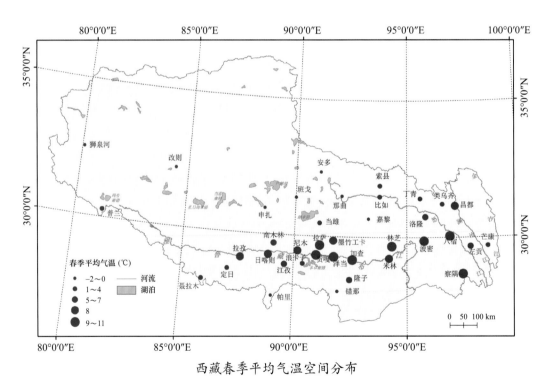

西藏春季平均气温空间分布

察隅站春季平均气温最高，为 11.4 ℃，其次是八宿站（10.6 ℃）和加查站（10.0 ℃），而安多站平均气温最低（−2.2 ℃），其次班戈站（−0.6 ℃）和那曲站（−0.5 ℃）。40 年春季平均气温为 4.8 ℃。

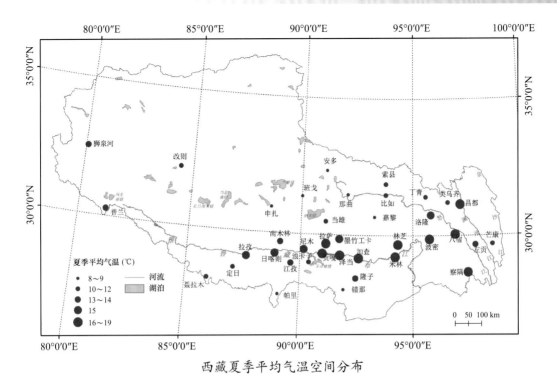

西藏夏季平均气温空间分布

八宿站夏季平均气温最高，达 18.9 ℃，其次是察隅站（18.8 ℃）和加查站（16.6 ℃），而安多站夏季平均气温最低，为 7.6 ℃，之后是帕里和错那两站，均为 7.8 ℃。高原夏季平均气温为 12.9 ℃。

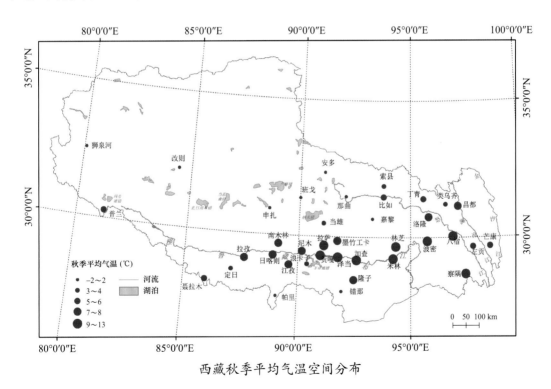

西藏秋季平均气温空间分布

察隅站秋季平均气温最高（13.1 ℃），其次是八宿站（11.6 ℃）和加查站（10.1 ℃），而最低值出现在安多站（−1.7 ℃），其次是那曲站（0.2 ℃）和班戈站（0.4 ℃）。高原秋季平均气温为 5.4 ℃。

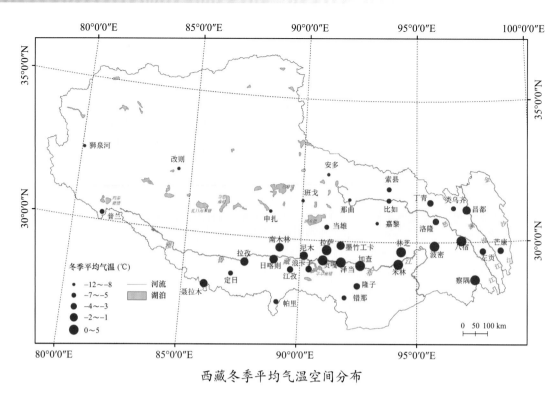

西藏冬季平均气温空间分布

冬季平均气温最高的三个站依次是察隅（5.5 ℃）、八宿（2.1 ℃）和林芝站（2.0 ℃），而最小三个站依次是安多（-12.4 ℃）、那曲（-10.2 ℃）和狮泉河站（-10.2 ℃）。高原冬季平均气温为 -3.7 ℃。

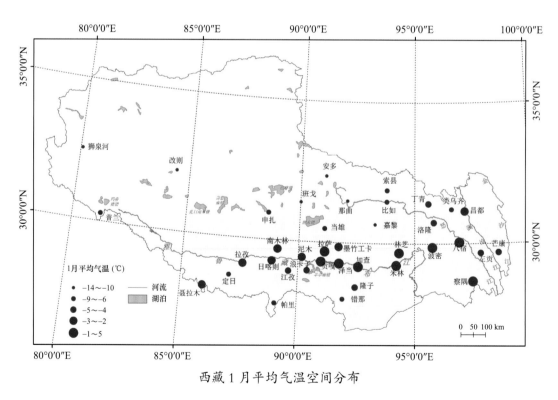

西藏1月平均气温空间分布

察隅站1月平均气温最高，为 4.6 ℃，其次是八宿站（1.0 ℃）和林芝站（0.9 ℃），而安多站平均气温最低（-13.8 ℃），之后是狮泉河站（-11.9 ℃）和那曲站（-11.6 ℃）。高原1月平均气温是 -4.9 ℃。

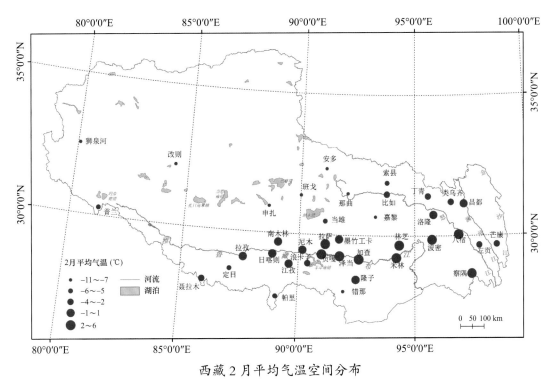

西藏2月平均气温空间分布

察隅站2月平均气温最高，为6.3 ℃，之后是八宿站（3.6 ℃）和加查站（3.3 ℃），而安多站最低（-11.0 ℃），其次是狮泉河站（-9.2 ℃）和那曲站（-8.8 ℃）。高原2月平均气温是-2.4 ℃。

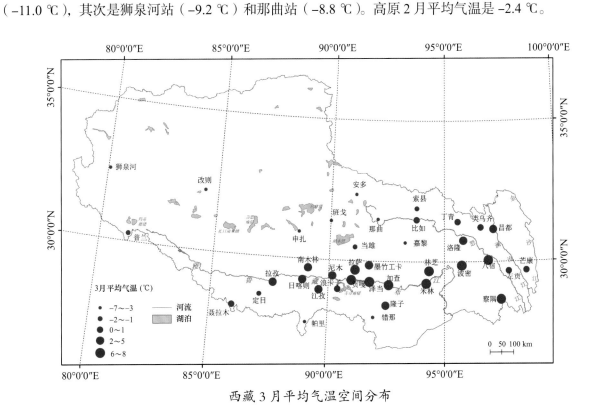

西藏3月平均气温空间分布

察隅站3月的平均气温最高，为8.2 ℃，之后是加查站（6.8 ℃）和八宿站（6.7 ℃），而平均气温最低的三个站依次是安多（-6.7 ℃）、那曲（-4.8 ℃）和狮泉河站（-4.7 ℃）。高原3月平均气温为1.1 ℃。

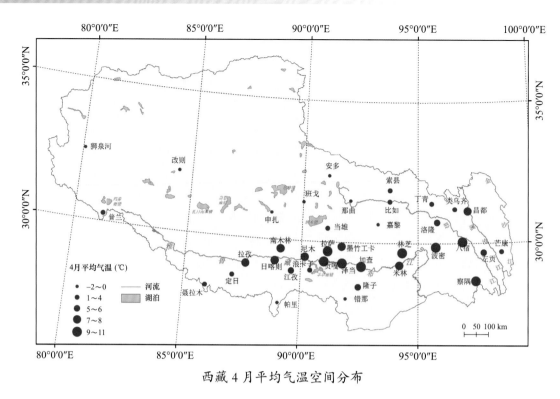

西藏4月平均气温空间分布

察隅站的4月平均气温最高，为10.8℃，之后是八宿站（10.2℃）和加查站（9.8℃），而安多站平均气温最低（-2.3℃），其次是班戈站（-0.7℃），之后是嘉黎和那曲两站，均为-0.6℃。高原4月平均气温是4.6℃。

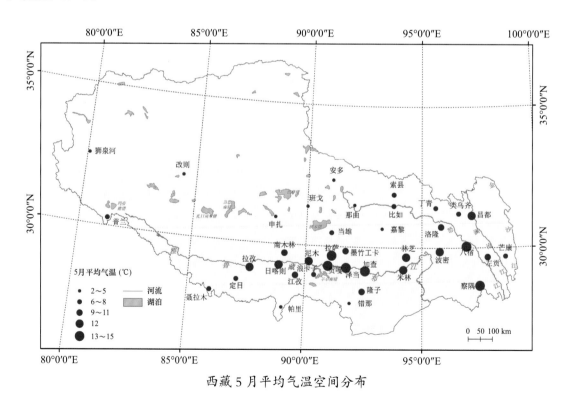

西藏5月平均气温空间分布

5月平均气温最高的三个站依次是察隅（15.1℃）、八宿（14.9℃）和加查站（13.4℃），而5月平均气温最低的三个站依次是安多（2.3℃）、错那（3.4℃）和班戈站（3.5℃）。高原5月平均气温是8.7℃。

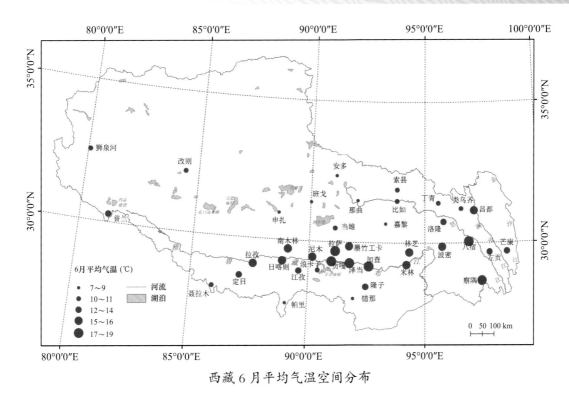

西藏6月平均气温空间分布

　　八宿站6月平均气温最高，为19.0 ℃，其次是察隅站（18.3 ℃）和贡嘎站（16.8 ℃），而安多站6月平均气温最低，为6.6 ℃，其次是错那站（7.2 ℃）和帕里站（7.3 ℃）。高原6月平均气温是12.6 ℃。

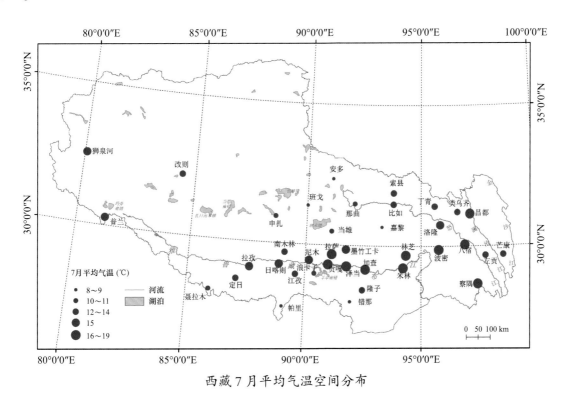

西藏7月平均气温空间分布

　　八宿站7月平均气温最高，达19.2 ℃，之后是察隅站（19.0 ℃）和波密站（17.0 ℃），而7月平均气温最低值出现在安多站（8.2 ℃），其次是帕里和错那两站，均为8.3 ℃。高原7月平均气温是13.4 ℃。

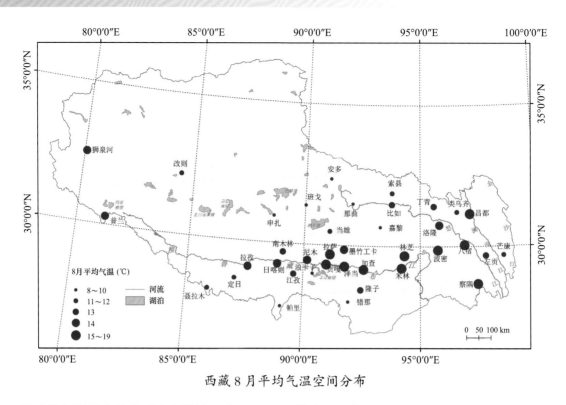

西藏8月平均气温空间分布

8月平均气温最高值出现在察隅站，为18.9 ℃，其次是八宿站（18.4 ℃）和波密站（16.8 ℃），而安多、帕里和错那站8月平均气温最低，均为7.9 ℃，之后是嘉黎站（8.4 ℃）。高原8月平均气温是12.8 ℃。

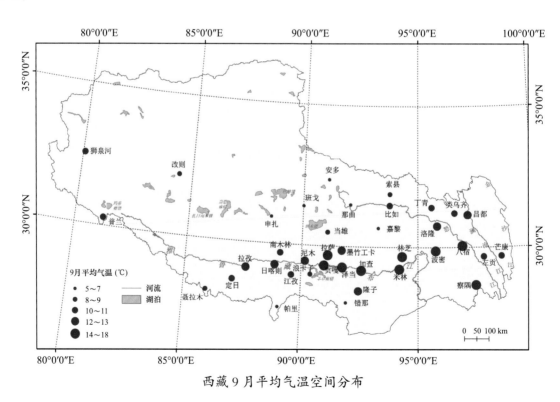

西藏9月平均气温空间分布

察隅站的9月平均气温最高，为17.5 ℃，其次是八宿站（16.8 ℃）和加查站（14.7 ℃），而安多站的9月平均气温最低（4.9 ℃），之后是帕里（6.2 ℃）、错那（6.3 ℃）和班戈站（6.3 ℃）。高原9月平均气温是10.7 ℃。

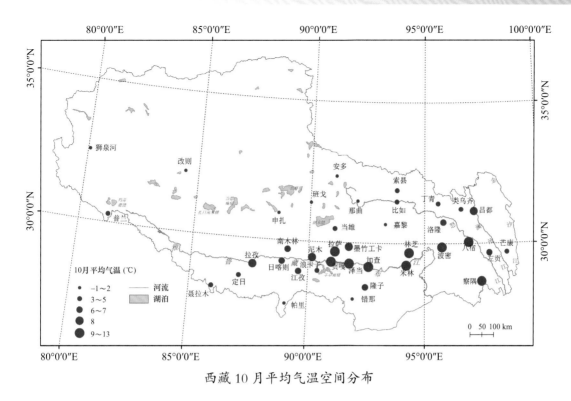

西藏10月平均气温空间分布

　　察隅站10月平均气温最高，为13.3 ℃，其后是八宿站（12.0 ℃）和加查站（10.6 ℃），而安多站的10月平均气温最低（–1.5 ℃），其次是班戈站（0.3 ℃）和改则站（0.4 ℃）。高原10月平均气温是5.6 ℃。

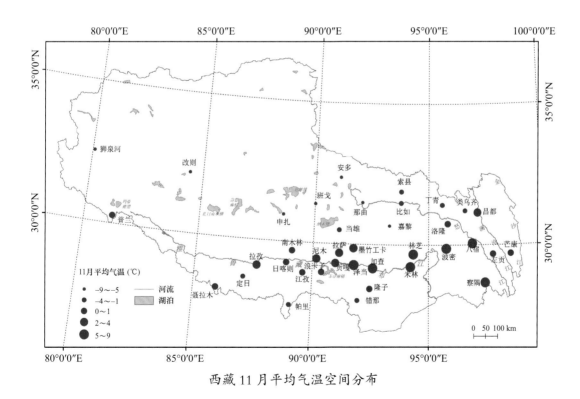

西藏11月平均气温空间分布

　　察隅站11月平均气温最高，为8.6 ℃，其次是八宿站（6.0 ℃）和林芝站（5.5 ℃），而安多站的11月平均气温最低（–8.5 ℃），之后是那曲站（–6.4 ℃）和改则站（–6.3 ℃）。高原11月平均气温是 –0.1 ℃。

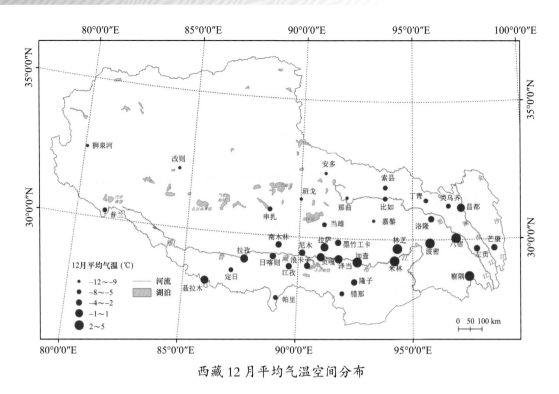

西藏12月平均气温空间分布

　　察隅站12月平均气温最高，为5.4℃，其次是林芝站（1.8℃）和八宿站（1.6℃），而安多站平均气温最低（-12.4℃），之后是改则站（-10.4℃）和那曲站（-10.3℃）。高原12月平均气温是-3.8℃。

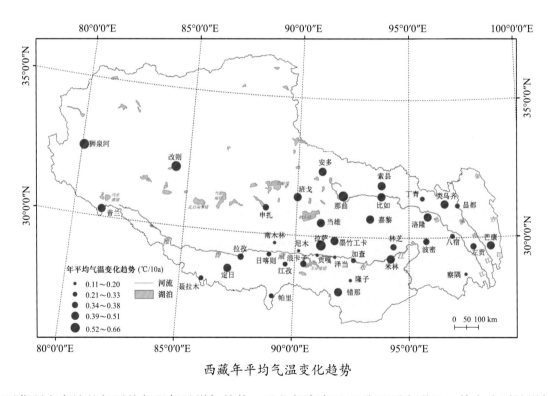

西藏年平均气温变化趋势

　　西藏所有台站的年平均气温都呈增加趋势，且北部高寒地区升温更为明显，其中改则站增加趋势最明显（0.66℃/10a），其次是那曲站（0.63℃/10a）和狮泉河站（0.61℃/10a）。相对而言，贡嘎站升温率最小（0.11℃/10a），其次是尼木站（0.14℃/10a）和泽当站（0.18℃/10a）。高原年平均升温率为0.38℃/10a。

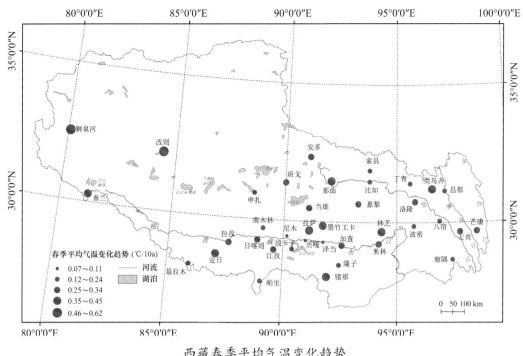

西藏春季平均气温变化趋势

西藏所有台站春季平均气温都有增加趋势，其中最大增加趋势出现在狮泉河站，达 0.62 ℃ /10a，其次是改则站（0.53 ℃ /10a），而贡嘎站春季升温率最小，为 0.07 ℃ /10a，之后是泽当站（0.10 ℃ /10a）和尼木站（0.11 ℃ /10a）。高原春季平均升温率为 0.29 ℃ /10a。

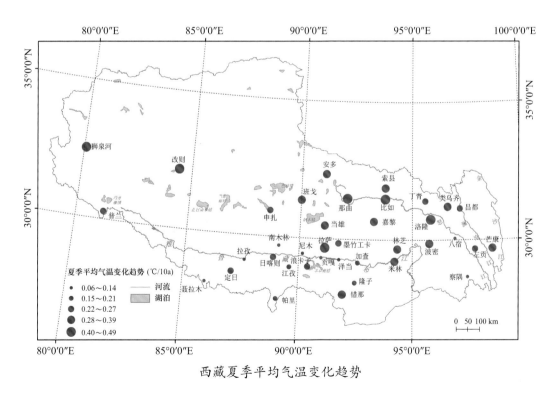

西藏夏季平均气温变化趋势

夏季所有台站平均气温出现了不同程度的增加趋势，其中，狮泉河站和那曲站升温最明显，均为 0.49 ℃ /10a，其次是拉萨站（0.44 ℃ /10a），而贡嘎站升温率最小（0.06 ℃ /10a），其次是拉孜和南木林两站，每 10 年升温 0.09 ℃。高原夏季平均升温率为 0.27 ℃ /10a。

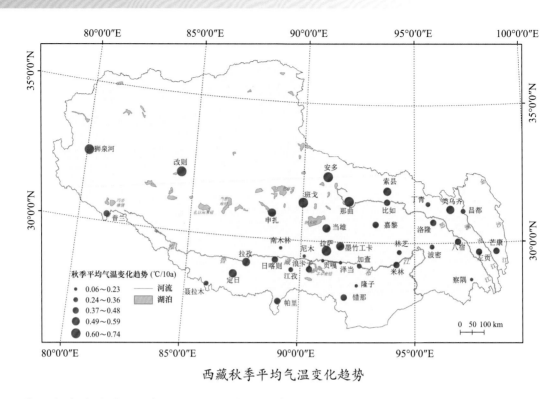

西藏秋季平均气温变化趋势

西藏所有台站秋季平均气温呈增加趋势，且藏北地区升温更为明显，其中改则站最为显著，达 0.74 ℃ /10a，其次是拉萨站（0.72 ℃ /10a），而最小升温率出现在贡嘎站，为 0.06 ℃ /10a，其次是尼木站（0.14 ℃ /10a）。高原秋季平均升温率为 0.44 ℃ /10a。

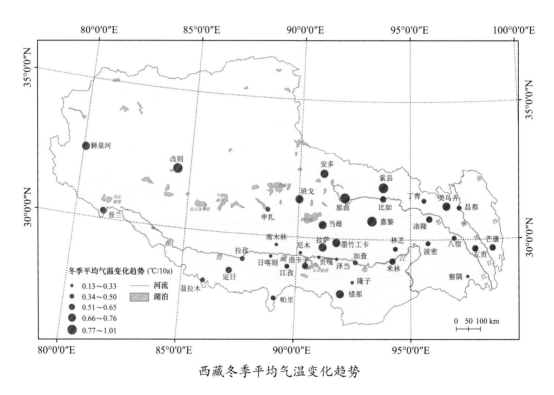

西藏冬季平均气温变化趋势

冬季所有站存在不同程度的升温趋势，且纬度和海拔较高的藏北升温更为明显，其中改则站最显著（1.01 ℃ /10a），其次是那曲站（0.85 ℃ /10a），而尼木站升温率最小（0.13 ℃ /10a），其次是隆子站（0.22 ℃ /10a）。高原冬季平均升温率达 0.55 ℃ /10a。

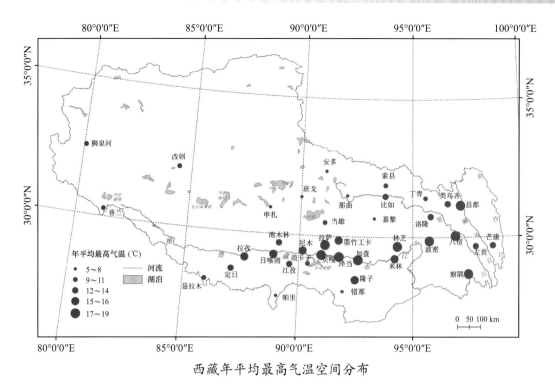

西藏年平均最高气温空间分布

　　西藏年平均最高气温总体上表现为南部河谷地区气温高，其南北高寒地区气温低的空间格局。年平均最高气温最大值出现在察隅站，为19.0 ℃，之后是加查站（18.7 ℃）和八宿站（17.9 ℃），最小值则在安多站（5.1 ℃），其次是班戈站（6.0 ℃）和错那站（6.4 ℃）。高原年平均最高气温为12.6 ℃。

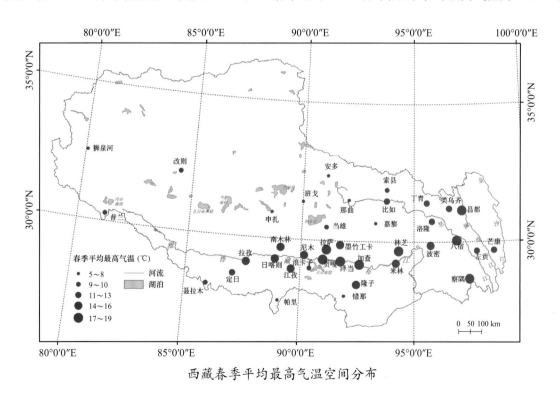

西藏春季平均最高气温空间分布

　　加查站春季平均最高气温最高，为18.8 ℃，其次是察隅（17.8 ℃）、贡嘎（17.6 ℃）和八宿站（17.3 ℃），而错那站最低（4.9 ℃），之后是安多（5.2 ℃）、班戈（5.6 ℃）和嘉黎站（6.7 ℃）。高原春季平均最高气温为12.3 ℃。

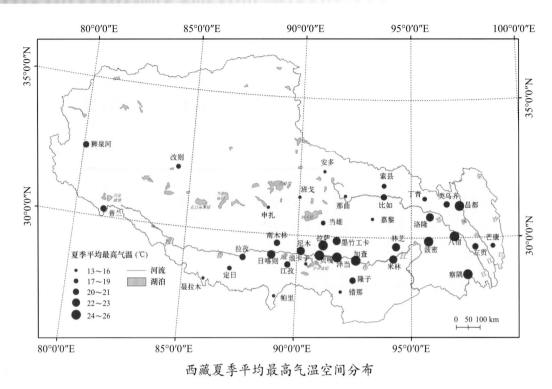

西藏夏季平均最高气温空间分布

夏季平均最高气温最大值出现在八宿站（25.6 ℃），其次是察隅站（24.8 ℃）和加查站（24.6 ℃），最小值则在错那站（12.5 ℃），之后是帕里站（12.7 ℃）和安多站（13.9 ℃）。高原夏季平均最高气温为 19.7 ℃。

西藏秋季平均最高气温空间分布

察隅站秋季平均最高气温超过 20 ℃，达 20.4 ℃，之后是加查（19.5 ℃）、八宿（18.9 ℃）和泽当站（17.8 ℃），而最小值出现在安多站（5.6 ℃），之后是班戈站（6.7 ℃）和错那站（7.6 ℃）。高原秋季平均最高气温为 13.4 ℃。

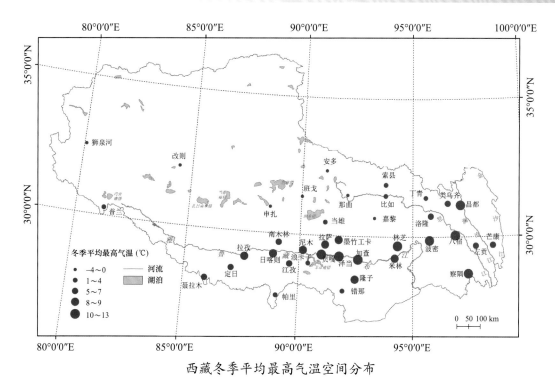

西藏冬季平均最高气温空间分布

冬季平均最高气温最大值出现在察隅站（12.9 ℃），其次是加查站（11.9 ℃）和泽当站（10.0 ℃），而安多站最低（-4.1 ℃），之后是班戈站（-2.7 ℃）和狮泉河站（-2.4 ℃）。高原冬季平均最高气温为5.1 ℃。

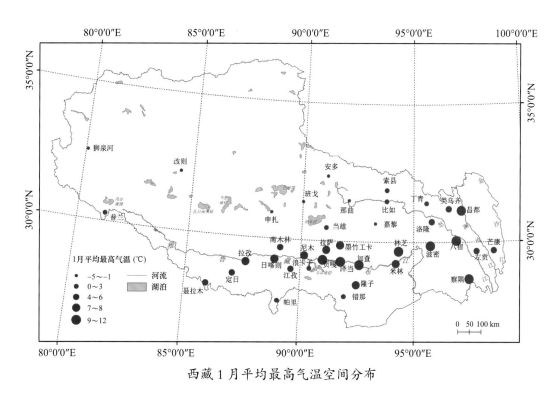

西藏1月平均最高气温空间分布

察隅站的1月平均最高气温最高，为12.0 ℃，其次是加查站（10.7 ℃），之后是八宿、林芝和泽当站，均为8.8 ℃，而安多站最低（-5.5 ℃），之后是狮泉河站（-4.1 ℃）和班戈站（-4.0 ℃）。高原1月平均最高气温是3.9 ℃。

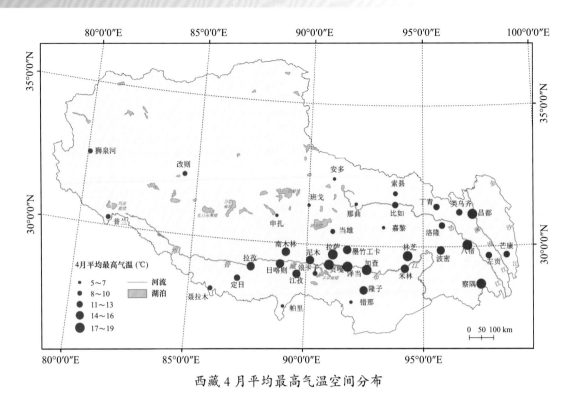

西藏 4 月平均最高气温空间分布

　　加查站 4 月平均最高气温最高，为 18.6 ℃，其次是贡嘎站（17.5 ℃）和察隅站（17.1 ℃），而错那站最低（4.6 ℃），其次是安多站（5.1 ℃）和班戈站（5.4 ℃）。高原 4 月平均最高气温为 12.1 ℃。

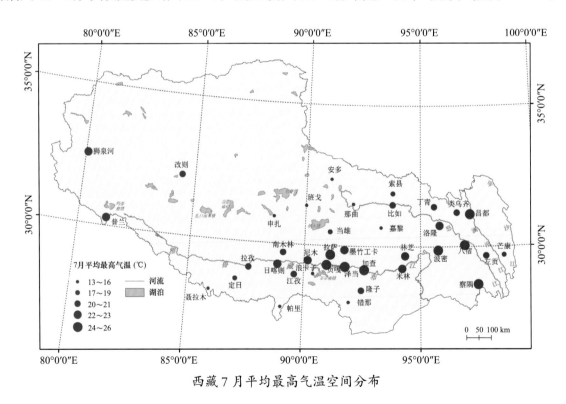

西藏 7 月平均最高气温空间分布

　　八宿站 7 月平均最高气温最高，为 26.0 ℃，之后是察隅站（24.9 ℃）和加查站（24.5 ℃），而帕里站最低（12.8 ℃），其次是错那站（12.9 ℃）和安多站（14.2 ℃）。高原 7 月平均最高气温为 20.0 ℃。

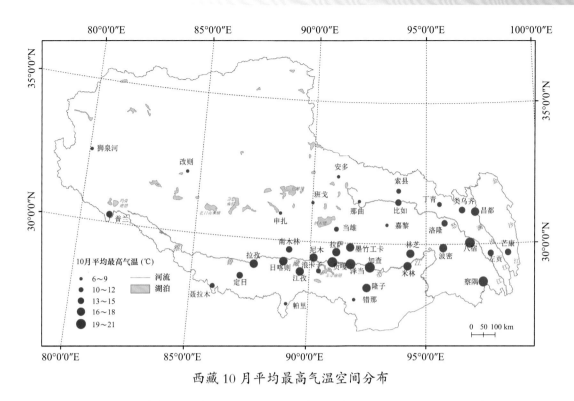

西藏10月平均最高气温空间分布

察隅站的10月平均最高气温最高，为20.7 ℃，其次是加查站（20.2 ℃）和八宿站（19.1 ℃），而安多站最低（5.6 ℃），之后是班戈站（6.7 ℃）和错那站（7.3 ℃）。高原10月平均最高气温为13.5 ℃。

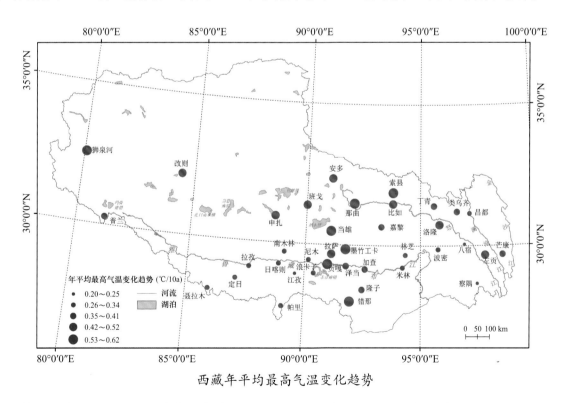

西藏年平均最高气温变化趋势

西藏所有台站的年平均最高气温都存在不同程度的上升趋势，平均每10年上升0.20~0.62 ℃，其中贡嘎站增幅最大，为0.62 ℃/10a，其次是墨竹工卡站（0.61 ℃/10a）和索县站（0.59 ℃/10a）。高原年平均最高气温升幅为0.40 ℃/10a。

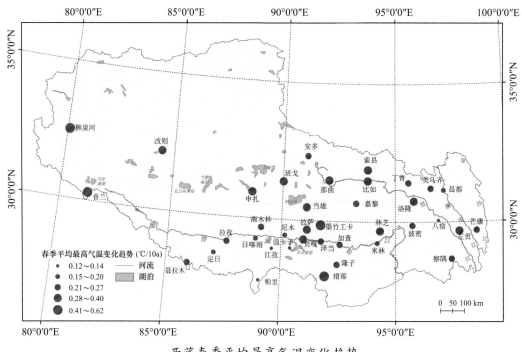

西藏春季平均最高气温变化趋势

　　春季所有台站均存在 0.12~0.62 ℃/10a 的增加趋势，其中狮泉河站升温最明显，为 0.62 ℃/10a，其次是错那站（0.55 ℃/10a），相对而言，帕里、江孜和八宿三站增幅最小，为 0.12 ℃/10a。高原春季平均最高气温升温率为 0.29 ℃/10a。

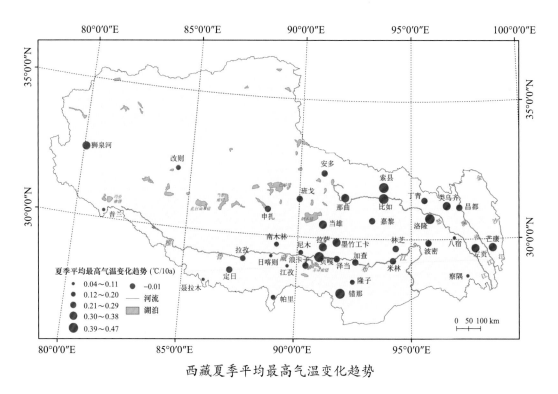

西藏夏季平均最高气温变化趋势

　　拉孜站的夏季平均最高气温存在 0.01 ℃/10a 的减少趋势，其余台站都有不同程度的增加趋势，其中比如站增幅最明显，达 0.47 ℃/10a，其次是索县站（0.46 ℃/10a）和洛隆站（0.44 ℃/10a）。高原夏季平均最高气温升温率为 0.25 ℃/10a。

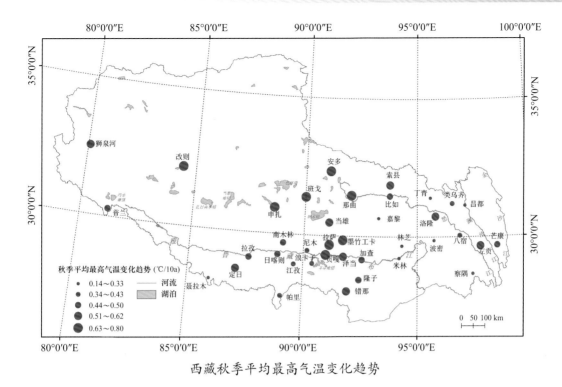

西藏秋季平均最高气温变化趋势

　　秋季西藏所有台站的平均最高气温存在0.14~0.80 ℃/10a 的增加趋势，其中贡嘎站增幅最大（0.80 ℃/10a），之后是墨竹工卡站（0.73 ℃/10a），而察隅站增幅最小（0.14 ℃/10a）。高原秋季平均最高气温升温率为0.48 ℃/10a。

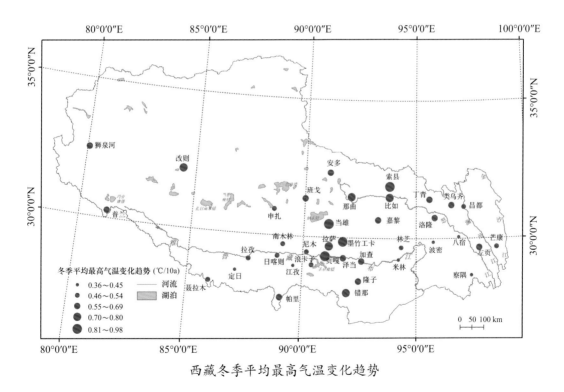

西藏冬季平均最高气温变化趋势

　　冬季西藏所有台站的平均最高气温存在不同程度的增加趋势，其中索县站增幅最大（0.98 ℃/10a），其次是当雄和墨竹工卡两站，均为0.91 ℃/10a。高原冬季平均最高气温升幅达0.61 ℃/10a。

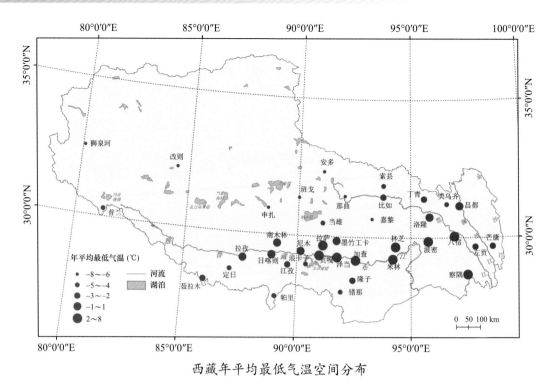

西藏年平均最低气温空间分布

察隅站的年平均最低气温最高，为 7.9 ℃，其次是八宿站（5.1 ℃），之后是林芝和波密两站，均为 4.3 ℃，而安多站最低（-8.2 ℃），其次是改则站（-7.6 ℃）和那曲站（-6.9 ℃）。高原年平均最低气温为 -1.4 ℃。

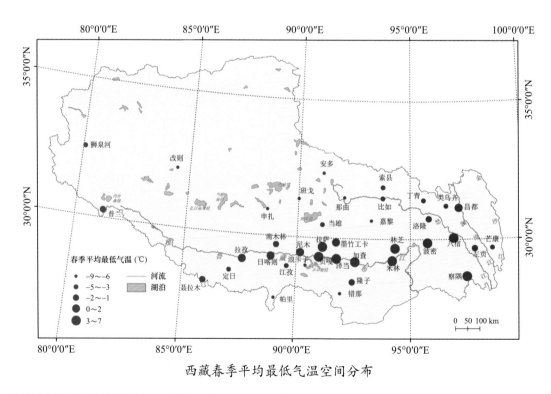

西藏春季平均最低气温空间分布

察隅站的春季平均最低气温最高，为 7.1 ℃，其次是八宿站（5.1 ℃）和波密站（4.2 ℃），而安多站最低（-8.7 ℃），之后是改则站（-8.4 ℃），其后是狮泉河和那曲两站，均为 -7.4 ℃。高原春季平均最低气温为 -1.6 ℃。

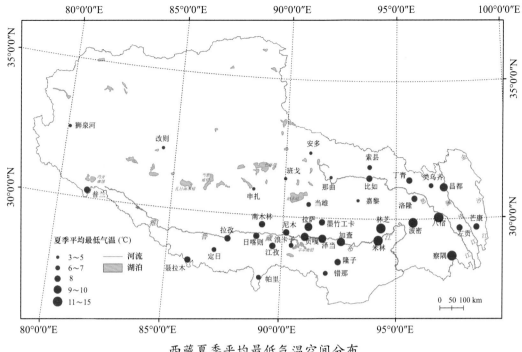

西藏夏季平均最低气温空间分布

察隅站夏季平均最低气温最高，为15.1 ℃，之后是八宿站（13.9 ℃）和波密站（12.0 ℃），而安多站最低（2.7 ℃），其次是嘉黎站（3.4 ℃）和班戈站（3.5 ℃）。高原夏季平均最低气温为7.8 ℃。

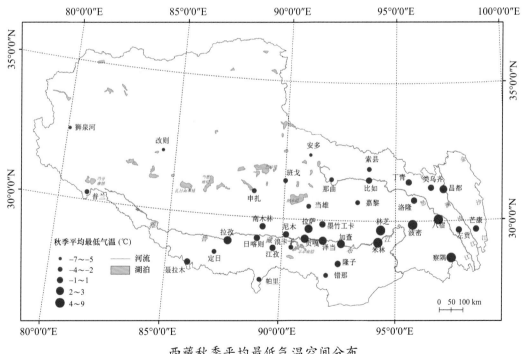

西藏秋季平均最低气温空间分布

察隅站的秋季平均最低气温最高，为8.8 ℃，其次是八宿站（5.9 ℃），之后是林芝和米林两站，均为5.1 ℃，而改则站最低（-7.1 ℃），其后是安多站（-7.0 ℃）和狮泉河站（-6.2 ℃）。高原秋季平均最低气温是 -0.7 ℃。

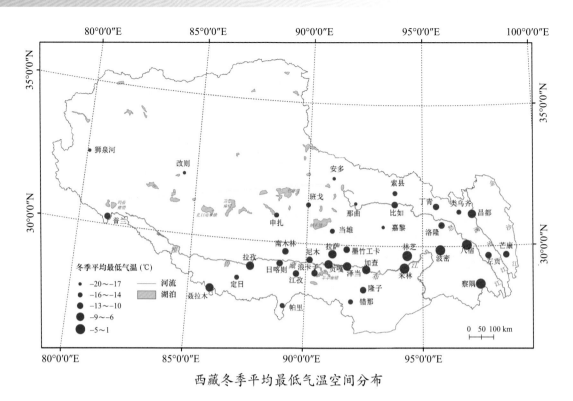

西藏冬季平均最低气温空间分布

冬季仅察隅站的平均最低气温大于 0 ℃，为 0.6 ℃，之后是林芝站（–3.6 ℃）和波密站（–3.9 ℃），而安多站最低（–19.6 ℃），其次是改则站（–19.6 ℃）和那曲站（–18.2 ℃）。高原冬季平均最低气温是 –11.1 ℃。

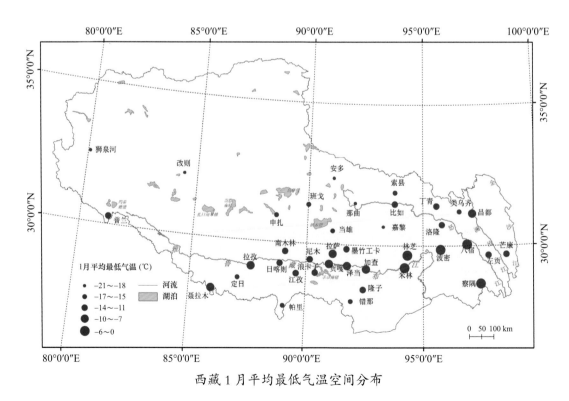

西藏 1 月平均最低气温空间分布

西藏所有台站的 1 月平均最低气温都在 0 ℃以下，其中察隅站相对最高，为 –0.2 ℃，其次是林芝站（–4.7 ℃）和波密站（–5.0 ℃），而最低值出现在改则站（–21.0 ℃），之后是安多站（–20.9 ℃）。高原 1 月平均最低气温为 –12.4 ℃。

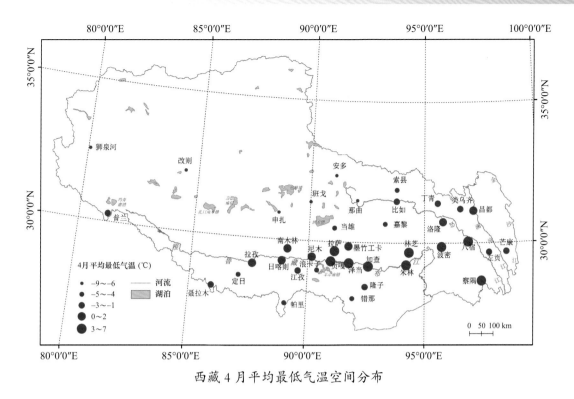

西藏 4 月平均最低气温空间分布

　　4 月平均最低气温的最高值出现在察隅站，为 6.7 ℃，其次是八宿站（4.9 ℃）和波密站（4.1 ℃），而安多站最低（-8.8 ℃），之后是改则站（-8.4 ℃）。高原 4 月平均最低气温为 -1.7 ℃。

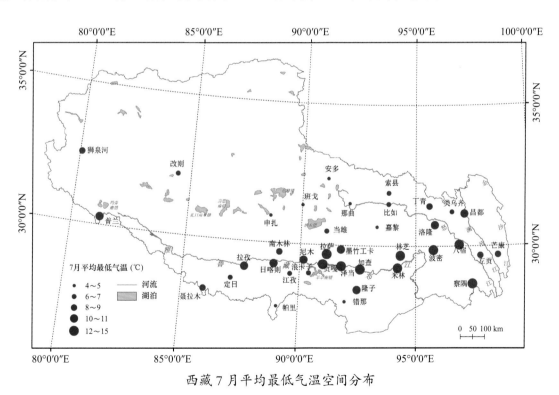

西藏 7 月平均最低气温空间分布

　　7 月平均最低气温的最高值出现在察隅站（15.4 ℃），之后是八宿站（14.4 ℃）和波密站（12.6 ℃），而安多站最低（3.6 ℃），其次是嘉黎站（4.0 ℃）和班戈站（4.4 ℃）。高原 7 月平均最低气温是 8.5 ℃。

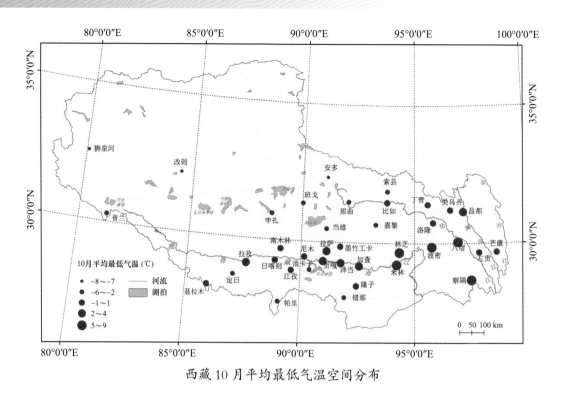

西藏10月平均最低气温空间分布

察隅站的10月平均最低气温最高（8.8 ℃），其次是八宿站（6.4 ℃），之后是都为5.6 ℃的米林和林芝两站，而改则站最低（-7.8 ℃），其后是狮泉河站（-7.4 ℃）和安多站（-6.6 ℃）。高原10月平均最低气温是-0.6 ℃。

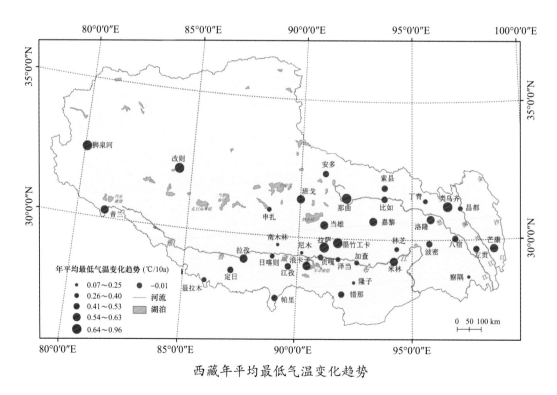

西藏年平均最低气温变化趋势

西藏年平均最低气温仅贡嘎站存在0.01 ℃/10a的微弱减少趋势，其他所有站均存在不同程度的增加趋势，其中改则站最明显，达0.96 ℃/10a，其次是那曲站（0.87 ℃/10a）和拉萨站（0.86 ℃/10a），而隆子站相对最小（0.07 ℃/10a）。高原年平均最低气温增加趋势达0.49 ℃/10a。

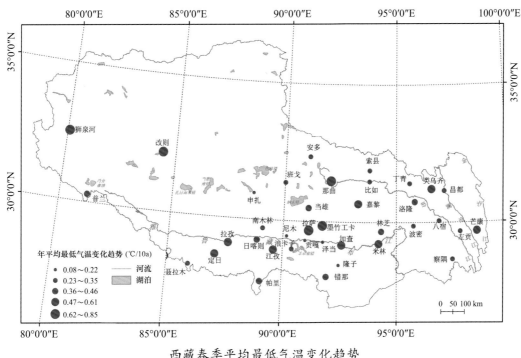

西藏春季平均最低气温变化趋势

　　春季平均最低气温所有台站都有不同程度的增加趋势，其中改则站增幅最明显，达 0.85 ℃/10a，其次是拉萨站（0.81 ℃/10a）和那曲站（0.70 ℃/10a），而增幅最小的台站是贡嘎站，为 0.08 ℃/10a。高原春季平均最低气温升温率达 0.42 ℃/10a。

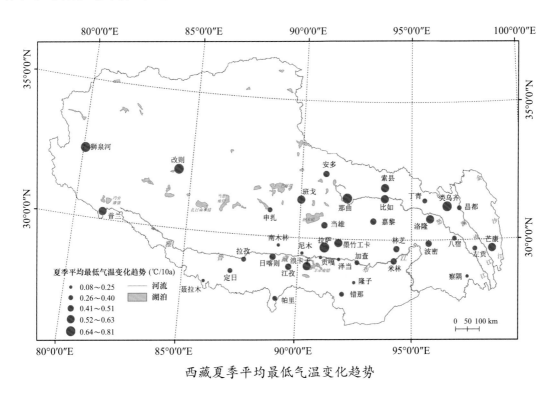

西藏夏季平均最低气温变化趋势

　　夏季平均最低气温所有台站呈上升趋势，其中狮泉河站的夏季最低气温增加趋势最明显，达 0.81 ℃/10a，其次是改则和那曲两站，均为 0.80 ℃/10a，而贡嘎站升幅最小（0.08 ℃/10a）。高原夏季平均最低气温升温率为 0.45 ℃/10a。

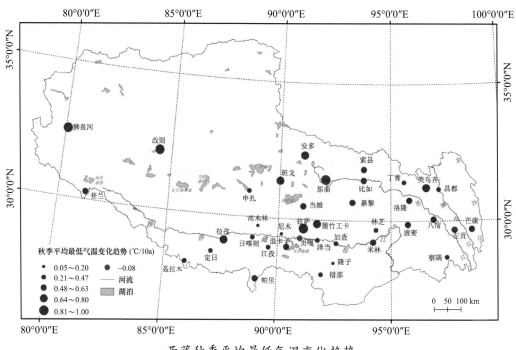

西藏秋季平均最低气温变化趋势

秋季平均最低气温拉萨站增幅最明显，达 1.0 ℃/10a，之后是狮泉河站（0.95 ℃/10a）和那曲站（0.91 ℃/10a），而隆子站增幅最小，为 0.05 ℃/10a，仅贡嘎站存在 0.08 ℃/10a 的微弱减少趋势。高原秋季平均最低气温升温率达 0.53 ℃/10a。

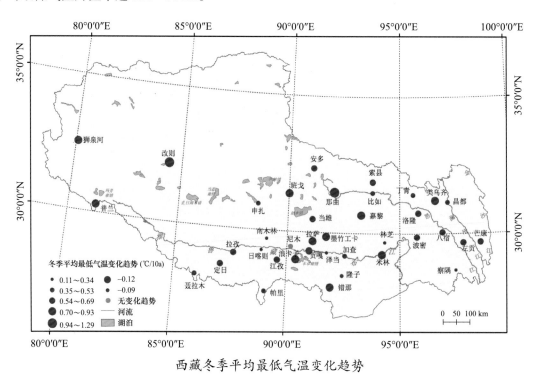

西藏冬季平均最低气温变化趋势

冬季平均最低气温只有贡嘎站和隆子站存在 0.12 ℃/10a 和 0.09 ℃/10a 的微弱减少趋势，其余台站都有不同程度的增加趋势，其中改则站增幅最大，达 1.29 ℃/10a，次是那曲站（1.04 ℃/10a）。高原冬季平均最低气温升温率是 0.58 ℃/10a。

图组八
降　水

珠穆隆索峰，海拔 7804 米，为世界第二十四高峰。

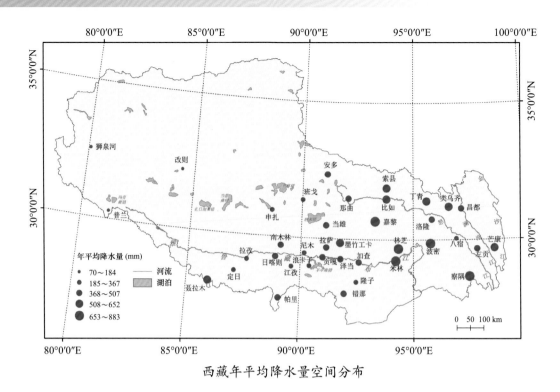

西藏年平均降水量空间分布

波密站的年平均降水量最大，达883 mm，之后是察隅站（770 mm）和嘉黎站（755 mm），而在38个站中狮泉河站最小，平均70 mm，其次是普兰站（148 mm）和改则站（184 mm）。总体上表现为东南部多、西北部少的空间格局。高原40年年平均降水量是461 mm。

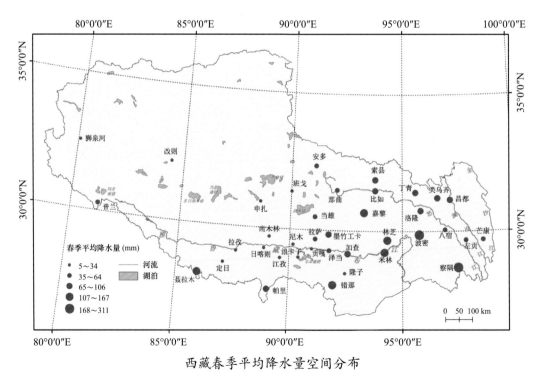

西藏春季平均降水量空间分布

春季平均降水量分布同样是波密站降水量最大（311 mm），其次是察隅站（293 mm）和米林站（167 mm），而狮泉河站同样最少（5 mm），其次是改则站（11 mm）和定日站（11 mm），之后是拉孜站（15 mm）。高原春季平均降水量为75 mm。

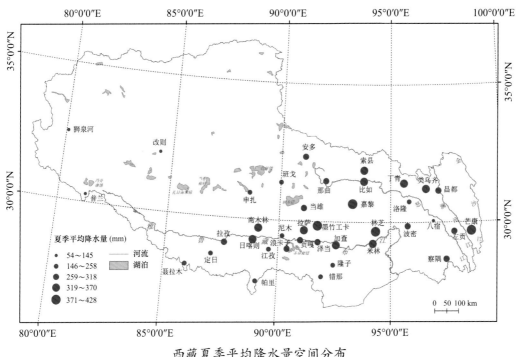

西藏夏季平均降水量空间分布

　　嘉黎站夏季平均降水量最大（428 mm），其次是芒康站（408 mm）和墨竹工卡站（392 mm），而狮泉河站最少（54 mm），之后是普兰站（57 mm）和八宿站（143 mm）。高原夏季平均降水量是283 mm。

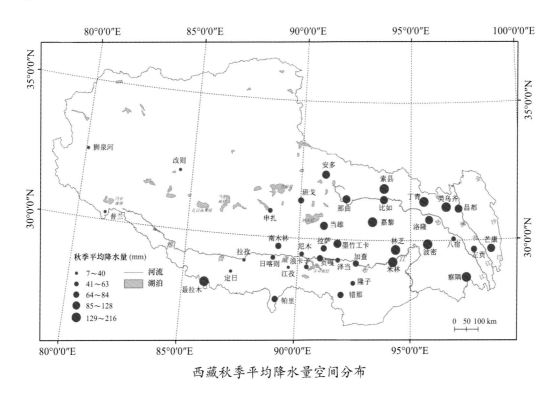

西藏秋季平均降水量空间分布

　　波密站的秋季平均降水量最大（216 mm），之后是丁青站（160 mm）和林芝站（159 mm），而狮泉河站最小，仅7 mm，其后是普兰站（23 mm）和改则站（26 mm）。高原秋季平均降水量是89 mm。

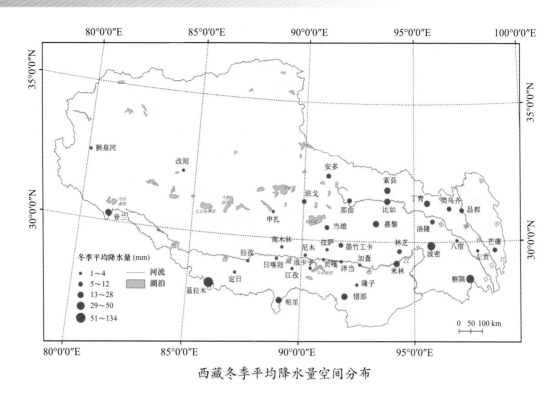

西藏冬季平均降水量空间分布

聂拉木站冬季平均降水量最大（134 mm），其次是察隅站（50 mm）和波密站（37 mm），而位于雅鲁藏布江中部河谷地区的拉孜、日喀则、南木林和尼木 4 个站冬季降水量很少，40 年平均值仅 1 mm。高原冬季平均降水量是 13 mm。

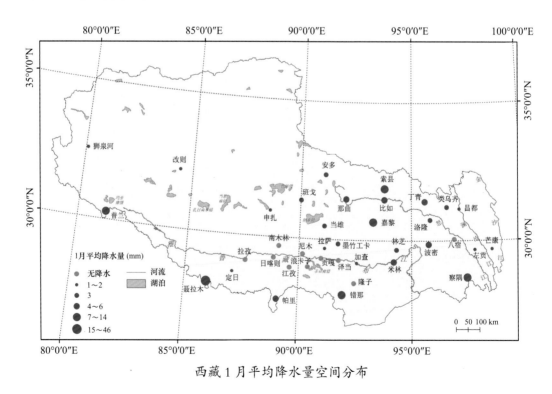

西藏 1 月平均降水量空间分布

聂拉木站的 1 月平均降水量最大（46 mm），其次是察隅站（14 mm）和普兰站（10 mm），其余均小于 10 mm，而拉孜、浪卡子和江孜等 10 个站平均无降水量，基本都分布在雅鲁藏布江中部河谷地区。高原 1 月平均降水量为 4 mm。

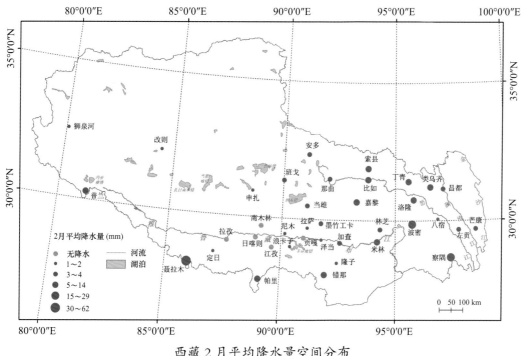

西藏 2 月平均降水量空间分布

聂拉木站 2 月平均降水量最大（62 mm），其次是察隅站（29 mm）和波密站（27 mm），而拉孜、贡嘎、日喀则、江孜和南木林 5 个站基本没有降水。高原 2 月平均降水量为 7 mm。

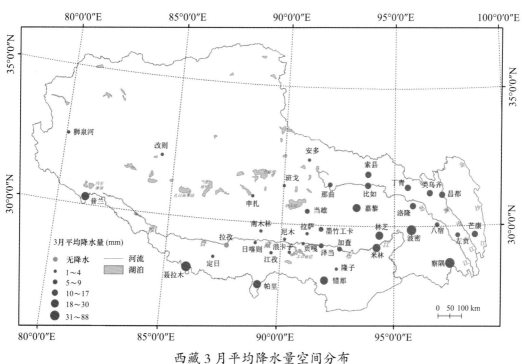

西藏 3 月平均降水量空间分布

察隅站 3 月平均降水量最大（88 mm），其次是波密站（84 mm）和聂拉木站（63 mm），而拉孜站基本没有降水，定日、日喀则、改则、狮泉河和南木林 5 个站平均降水量为 1 mm。高原 3 月平均降水量是 14 mm。

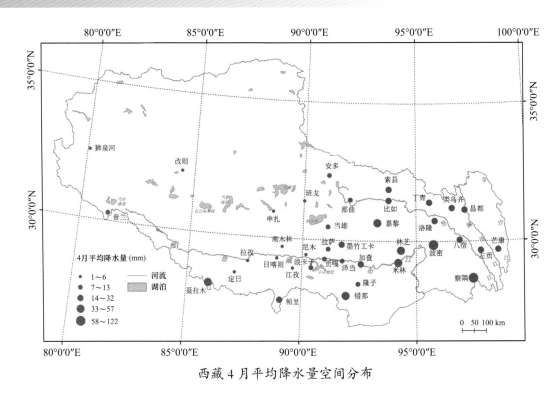

西藏 4 月平均降水量空间分布

察隅站 4 月平均降水量最大（122 mm），其次是波密站（117m）和米林站（57 mm），而狮泉河站平均最小，仅 1 mm，其次是拉孜、定日和改则三个站，均为 2 mm。高原 4 月平均降水量是 23 mm。

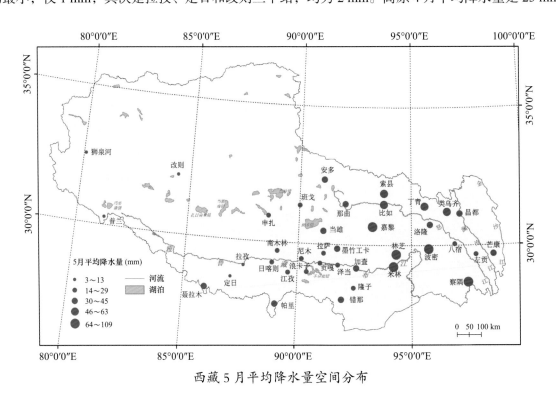

西藏 5 月平均降水量空间分布

波密站的 5 月平均降水量最大（109 mm），其次是察隅站和嘉黎站，均为 82 mm，之后是米林站（81 mm）。所有站中，狮泉河站平均最少，仅 3 mm，其后是改则站（7 mm），之后是定日站和普兰站，均为 9 mm。高原 5 月平均降水量是 37 mm。

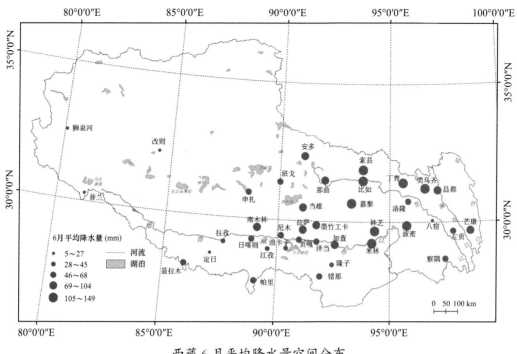

西藏6月平均降水量空间分布

　　嘉黎站6月平均降水量最大，为149 mm，其次是索县站（138 mm）和比如站（132 mm），而狮泉河站最少（5 mm），之后是普兰站（10 mm）和定日站（22 mm）。高原6月平均降水量是71 mm。

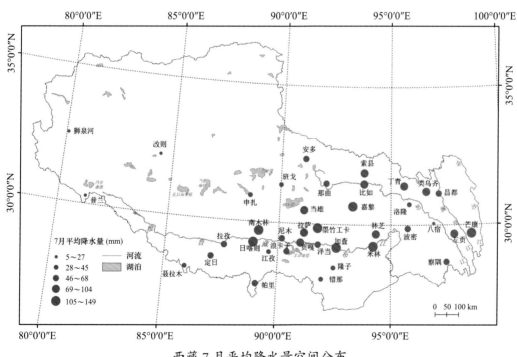

西藏7月平均降水量空间分布

　　芒康站7月平均降水量最大（172 mm），其次是墨竹工卡站（156 mm）和嘉黎站（152 mm），而普兰站最少（21 mm），之后是狮泉河站（25 mm）和改则站（56 mm），呈中东部降水量多、西部降水量少的特点。高原7月平均降水量是111 mm，在各月中最多。

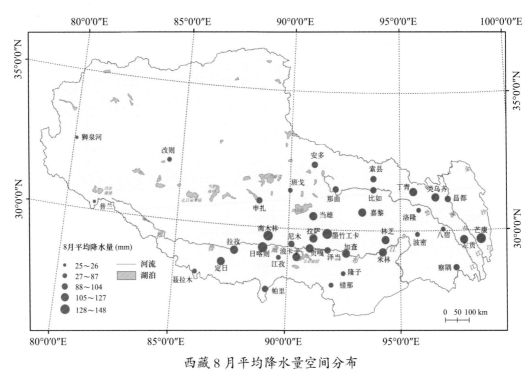

西藏8月平均降水量空间分布

芒康站8月平均降水量最多（148 mm），其次是日喀则站（147 mm）和南木林站（136 mm），而狮泉河站最少（25 mm），之后是普兰站（26 mm）和八宿站（57 mm）。高原8月平均降水量是100 mm。

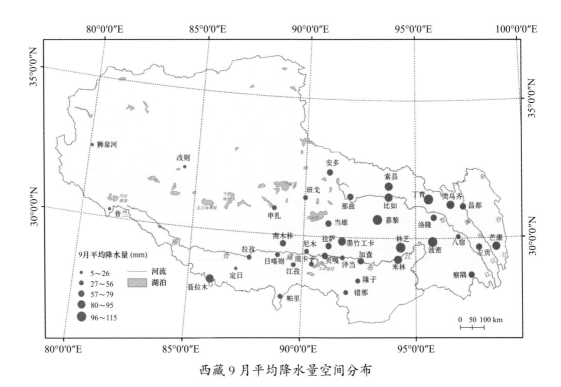

西藏9月平均降水量空间分布

林芝站9月平均降水量最大（115 mm），其次是波密站（113 mm）和嘉黎站（112 mm），而狮泉河站最少（5 mm），之后是普兰站（12 mm）和改则站（21 mm）。高原9月平均降水量是64 mm。

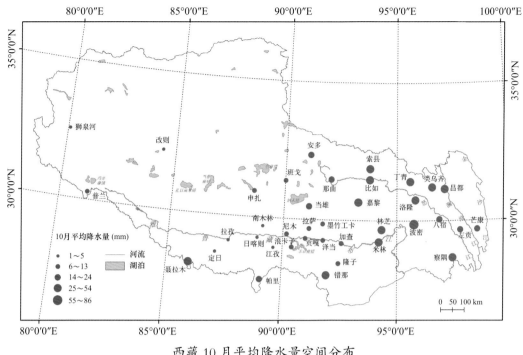

西藏 10 月平均降水量空间分布

　　波密站 10 月平均降水量最大（86 mm），其次是察隅站（54 mm）和聂拉木站（48 mm），而最少出现在狮泉河站，平均降水量仅为 1 mm，其次是定日站和拉孜站，均为 3 mm。高原 10 月平均降水量是 21 mm。

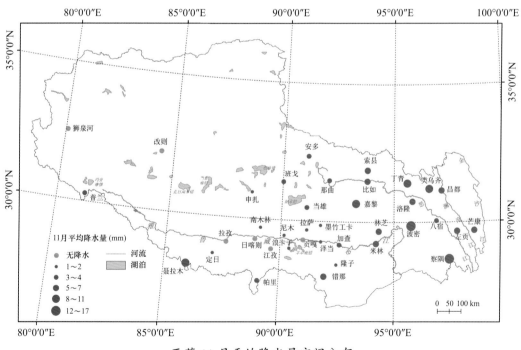

西藏 11 月平均降水量空间分布

　　波密站 11 月的平均降水量最大（17 mm），其次是察隅站（16 mm），之后是丁青站和聂拉木站，均为 11 mm，而狮泉河、拉孜、江孜、日喀则、贡嘎和改则 6 个站基本没有降水。高原 11 月平均降水量是 4 mm。

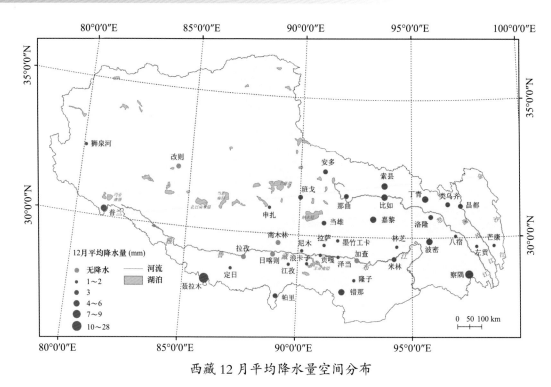

西藏12月平均降水量空间分布

聂拉木站12月平均降水量最大（28 mm），其次是察隅站（9 mm）和波密站（6 mm），而拉孜、南木林、加查、日喀则和改则5个站基本没有降水。高原12月平均降水量仅为3 mm，在各月中最少。

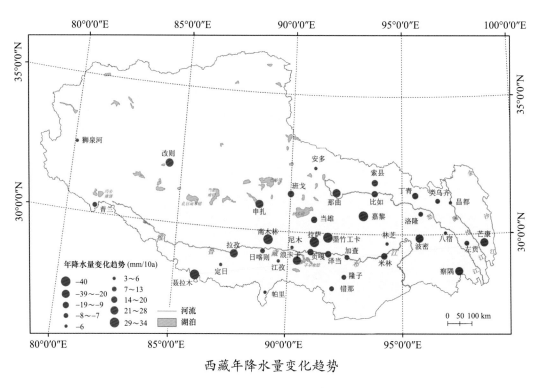

西藏年降水量变化趋势

西藏有30个站的年降水量呈增加趋势，其中嘉黎站和南木林站增幅最大，达34 mm/10a，其次是拉萨站和墨竹工卡站，均为32 mm/10a，而8个站存在不同程度的减少趋势，其中聂拉木站减少最明显（40 mm/10a），之后是察隅站（24 mm/10a）。高原平均年降水量总体上略有增加趋势，幅度为10 mm/10a，即每年1 mm。

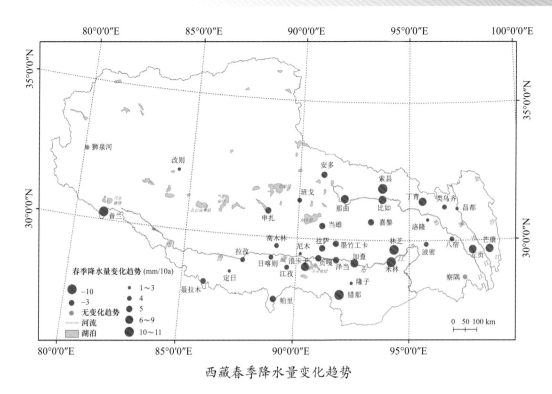

西藏春季降水量变化趋势

　　春季西藏有 34 站降水量呈增加趋势，其中索县站增幅最大（11 mm/10a），而 2 个站存在减少趋势，其中普兰站减幅最大（10 mm/10a），其次是聂拉木站（3 mm/10a），察隅站和狮泉河站没有变化趋势。高原春季平均降水量略有增加趋势，增幅为 5 mm/10a。

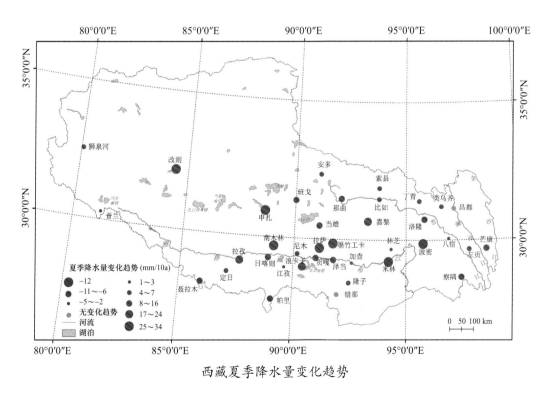

西藏夏季降水量变化趋势

　　夏季西藏有 29 个站降水量呈不同程度的增加趋势，其中拉萨站最明显，为 34 mm/10a，其次是南木林站（32 mm/10a），而 7 个站呈减少趋势，其中波密和米林两站减幅最大，均为 12 mm/10a，错那和昌都两个站没有变化趋势。高原夏季平均降水量略有增加趋势，增幅为 8 mm/10a。

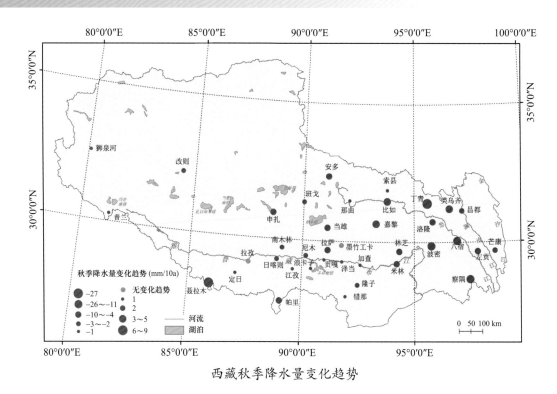

西藏秋季降水量变化趋势

　　秋季西藏有 8 个站降水量呈增加趋势，其中丁青站增幅最大，为 9 mm/10a，拉孜和墨竹工卡两站没有增减趋势，其余的 28 个站存在不同程度的减少趋势，其中聂拉木站减幅最大（27 mm/10a），其次是波密站（12 mm/10a）。高原秋季平均降水量略有减少趋势，减幅为 2 mm/10a。

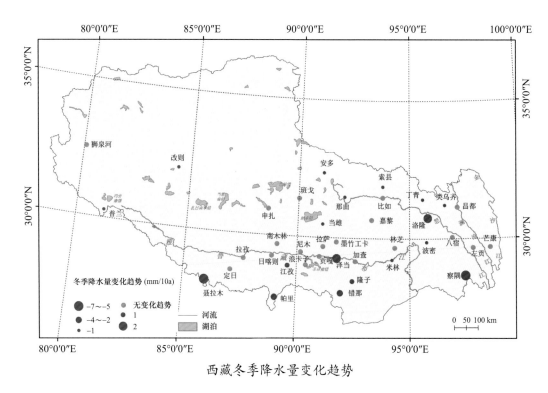

西藏冬季降水量变化趋势

　　冬季西藏有 4 个站的降水量略有增加趋势，其中泽当站相对增幅最大（2 mm/10a），尼木等 20 个站没有变化趋势，而 14 个站呈减少趋势，其中聂拉木站减幅最大（7 mm/10a）。高原冬季平均降水量存在微弱减少趋势，减幅为 1 mm/10a。

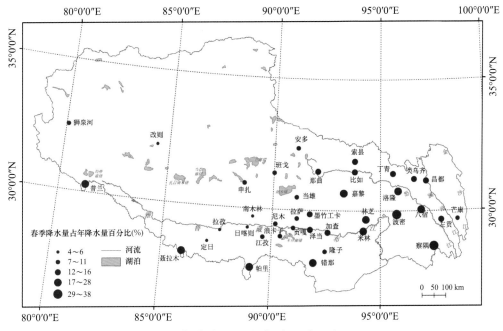

西藏春季降水量占年降水量百分比

　　察隅站春季降水量占年降水量的比例最大，为38%，其次是波密站（35%）和错那站（28%），而定日站最小（4%），其次是拉孜站（5%），之后是日喀则、改则和南木林站，均为6%，具有南部河谷和广大北部春季降水量占比少、南部边缘和东部春季降水量占比大的空间格局。高原春季平均降水量占年降水量的比例平均是16%。

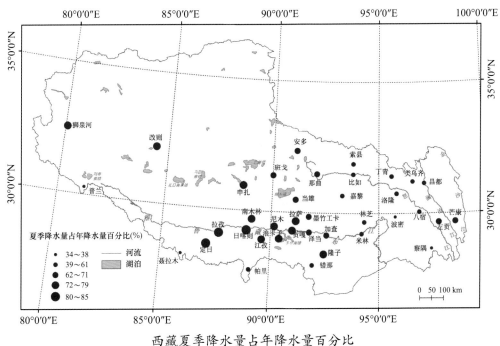

西藏夏季降水量占年降水量百分比

　　定日站夏季降水量占年降水量的比例最高，达85%，其次是拉孜站（83%）和日喀则站（81%），而聂拉木站比例最小（34%），之后是波密站（36%）和察隅站（37%），具有与春季相反的空间格局，即南部河谷和广大北部夏季降水量占比高，而南部边缘和东部夏季降水量占比少。高原夏季平均降水量占年降水量的比例平均是62%。

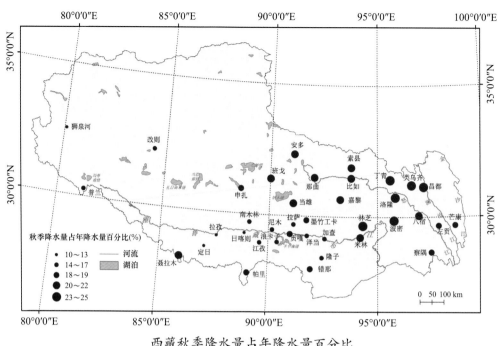

西藏秋季降水量占年降水量百分比

洛隆站和丁青站秋季降水量所占年降水量的比例最高，为25%，其次是波密和昌都两站，均为24%，而狮泉河站和定日站比例最小，为10%，其次是拉孜站（12%），总体上东部和东北部高寒地区占比明显要大于南部河谷和西部地区。高原秋季平均降水量占年降水量的比例是19%。

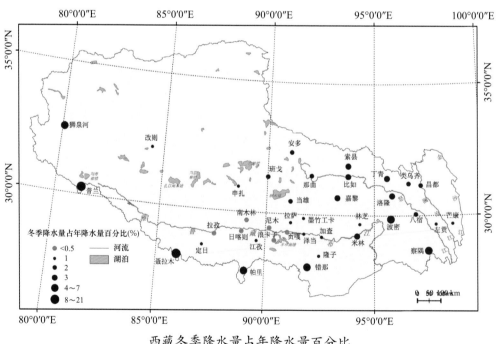

西藏冬季降水量占年降水量百分比

冬季降水量占年降水量的比例较高的台站基本在高原南部边缘，其中聂拉木站占比最高（21%），其次是普兰站（19%）和察隅站（7%），而拉孜等6个站所占比例不足0.5%，都位于南部雅鲁藏布江中游谷地。高原冬季平均降水量占年降水量的比例平均是3%。

附 录

西藏 38 个气象站主要积雪与气象要素统计值

序号	台站名称	纬度(N)	经度(E)	海拔高度(m)	资料开始年	建站至2012年雪深		1981—2010年雪深		1981—2010年		1981—2020年						
						极值(cm)	出现时间	极值(cm)	出现时间	年平均积雪日数(d)	年平均降雪日数(d)	平均气温		平均最高气温		平均最低气温		平均年降水量(mm)
												值(℃)	倾向率(℃/10a)	值(℃)	倾向率(℃/10a)	值(℃)	倾向率(℃/10a)	
1	加查	29°09'	92°35'	3260	1978	7	1983年3月15日	7	1983年3月15日	5	20	9.6	0.28	18.7	0.40	2.7	0.40	507
2	普兰	30°17'	81°15'	3900	1973	47	1978年3月19日	43	1984年2月21日	55	47	3.8	0.43	11.3	0.39	-2.5	0.55	148
3	安多	32°21'	91°06'	4800	1965	20	1968年10月4日 2008年5月6日	20	2008年5月6日	67	104	-2.2	0.51	5.1	0.45	-8.2	0.53	460
4	班戈	31°23'	90°01'	4700	1956	20	1963年11月28日	15	1995年11月11日 2009年5月30日	59	97	-0.1	0.49	6.0	0.45	-5.7	0.59	342
5	申扎	30°57'	88°38'	4672	1960	20	2011年4月15日	11	1993年4月14日	30	76	0.5	0.37	7.4	0.43	-5.5	0.39	330
6	那曲	31°29'	92°04'	4507	1954	21	1990年10月16日	21	1990年10月16日	60	94	-0.3	0.63	7.4	0.53	-6.9	0.87	461
7	嘉黎	30°40'	93°17'	4489	1954	39	1994年5月16日 2009年11月18日	39	1994年5月16日 2009年11月18日	122	154	-0.1	0.50	7.7	0.37	-6.1	0.63	755
8	浪卡子	28°58'	90°24'	4432	1961	19	1986年4月20日	19	1986年4月20日	14	55	3.3	0.34	10.0	0.31	-2.8	0.56	367
9	改则	32°9'	84°25'	4415	1973	24	1981年5月23日	24	1981年5月23日	18	45	0.7	0.66	8.7	0.46	-7.6	0.96	184
10	定日	28°38'	87°05'	4300	1959	21	1966年1月4日	20	2009年11月17日	6	21	3.3	0.42	12.2	0.33	-4.6	0.51	283
11	帕里	27°44'	89°05'	4300	1956	87	1996年2月21日	87	1996年2月21日	57	92	0.5	0.32	7.7	0.28	-5.2	0.45	437
12	错那	27°59'	91°57'	4280	1967	64	2008年10月28日	64	2008年10月28日	92	126	0.2	0.46	6.4	0.57	-4.5	0.53	421

序号	台站名称	纬度 (N)	经度 (E)	海拔高度 (m)	资料开始年	建站至 2012 年雪深 极值 (cm)	建站至 2012 年雪深 出现时间	1981—2010 年雪深 极值 (cm)	1981—2010 年雪深 出现时间	1981—2010 年 年平均积雪日数 (d)	1981—2010 年 年平均降雪日数 (d)	1981—2020 年 平均气温 值 (℃)	1981—2020 年 平均气温 倾向率 (℃/10a)	1981—2020 年 平均最高气温 值 (℃)	1981—2020 年 平均最高气温 倾向率 (℃/10a)	1981—2020 年 平均最低气温 值 (℃)	1981—2020 年 平均最低气温 倾向率 (℃/10a)	1981—2020 年 平均年降水量 (mm)
13	狮泉河	32°30'	80°05'	4279	1961	10	1963 年 3 月 9 日 1978 年 11 月 13 日 2006 年 4 月 10 日	10	2006 年 4 月 10 日	19	37	1.3	0.61	8.7	0.53	-6.3	0.78	70
14	当雄	30°29'	91°06'	4200	1962	14	1966 年 10 月 4 日	11	1981 年 1 月 25 日	37	65	2.3	0.47	10.2	0.55	-4.4	0.55	474
15	江孜	28°55'	89°36'	4040	1956	8	1981 年 12 月 11 日	8	1981 年 12 月 11 日	5	20	5.4	0.33	13.9	0.25	-2.3	0.46	279
16	索县	31°53'	93°47'	4023	1956	25	2008 年 10 月 28 日	25	2008 年 10 月 28 日	63	84	2.4	0.48	9.9	0.59	-3.7	0.52	606
17	拉孜	29°05'	87°38'	4000	1977	10	2006 年 3 月 13 日	10	2006 年 3 月 13 日	1	11	7.1	0.35	14.5	0.29	0.3	0.54	335
18	南木林	29°41'	89°06'	4000	1979	12	2011 年 3 月 28 日	8	1985 年 5 月 6 日	4	22	6.1	0.18	13.8	0.34	-0.6	0.25	467
19	比如	31°29'	93°47'	3940	1979	24	2008 年 10 月 28 日	24	2008 年 10 月 28 日	46	71	3.8	0.42	12.0	0.52	-2.3	0.52	596
20	丁青	31°25'	95°36'	3873	1954	32	1956 年 10 月 16 日	24	1992 年 10 月 24 日	59	102	3.8	0.31	11.3	0.37	-1.7	0.39	652
21	芒康	29°41'	98°36'	3870	1979	28	2011 年 3 月 25 日	14	1982 年 4 月 14 日	19	62	4.1	0.42	12.4	0.39	-2.3	0.57	589
22	隆子	28°25'	92°28'	3860	1959	15	1981 年 12 月 12 日	15	1981 年 12 月 12 日	7	36	5.6	0.20	14.8	0.36	-1.6	0.07	283
23	日喀则	29°15'	88°53'	3836	1955	8	1980 年 10 月 8 日	6	1990 年 3 月 13 日	3	14	6.9	0.32	15.4	0.29	-0.7	0.36	432
24	聂拉木	28°11'	85°58'	3810	1966	230	1989 年 1 月 9 日	230	1989 年 1 月 9 日	83	77	3.9	0.26	9.7	0.27	-0.1	0.35	646
25	类乌齐	31°13'	96°36'	3810	1978	21	2009 年 11 月 18 日	21	2009 年 11 月 18 日	44	87	3.4	0.50	12.3	0.39	-3.2	0.74	610
26	尼木	29°26'	90°10'	3809	1973	14	1977 年 5 月 9 日	10	1998 年 3 月 29 日	5	21	7.2	0.14	16.1	0.32	-0.6	0.15	346
27	墨竹工卡	29°51'	91°44'	3804	1978	15	1981 年 12 月 11 日 和 12 日	15	1981 年 12 月 11 日 和 12 日	15	34	6.5	0.48	15.0	0.61	-0.1	0.72	569
28	左贡	29°40'	97°50'	3780	1978	17	1994 年 3 月 23 日 2011 年 3 月 25 日	17	1994 年 3 月 23 日	18	59	4.9	0.38	13.1	0.49	-1.2	0.45	449

序号	台站名称	纬度(N)	经度(E)	海拔高度(m)	资料开始年	建站至2012年雪深 极值(cm)	建站至2012年雪深 出现时间	1981—2010年雪深 极值(cm)	1981—2010年雪深 出现时间	1981—2010年 年平均积雪日数(d)	1981—2010年 年平均降雪日数(d)	1981—2020年 平均气温 值(℃)	平均气温 倾向率(℃/10a)	平均最高气温 值(℃)	平均最高气温 倾向率(℃/10a)	平均最低气温 值(℃)	平均最低气温 倾向率(℃/10a)	平均年降水量(mm)
29	拉萨	29°40'	91°08'	3649	1955	12	1981年12月11日和12日	12	1981年12月11日和12日	6	21	8.8	0.58	16.5	0.50	2.6	0.86	452
30	洛隆	30°45'	95°50'	3640	1979	18	1981年12月12日	18	1981年12月12日	22	60	5.9	0.45	13.8	0.46	-0.5	0.58	415
31	贡嘎	29°18'	90°59'	3555	1978	8	1989年3月17日	8	1989年3月17日	3	13	8.8	0.11	17.1	0.62	2.1	-0.01	400
32	泽当	29°15'	91°46'	3552	1956	12	1997年3月10日	12	1997年3月10日	5	24	9.1	0.18	17.0	0.41	2.6	0.29	385
33	昌都	31°09'	97°10'	3306	1954	11	1981年12月12日	11	1981年12月12日	13	47	7.9	0.30		0.30	1.2	0.38	486
34	八宿	30°03'	96°55'	3260	1980	20	2006年4月14日	20	2006年4月14日	4	18	10.8	0.31	17.9	0.23	5.1	0.45	247
35	林芝	29°40'	94°20'	2992	1954	25	1954年1月12日	13	1983年1月20日	12	42	9.2	0.36	16.5	0.34	4.3	0.37	692
36	米林	29°13'	94°13'	2950	1979	17	2009年2月22日	17	2009年2月22日	16	54	8.8	0.42	15.7	0.28	4.2	0.58	691
37	波密	29°52'	95°46'	2736	1955	32	1981年12月12日	32	1981年12月12日	11	34	9.2	0.34	16.4	0.30	4.3	0.48	883
38	察隅	28°39'	97°28'	2328	1969	32	1970年4月11日	18	1981年3月3日	5	14	12.2	0.20	19.0	0.20	7.9	0.25	770

作者简介

除多，博士，正高级工程师（二级），1969 年 11 月出生在西藏白朗县，1990 年 7 月毕业于南京气象学院大气探测专业，获理学学士学位，2003 年 3 月毕业于中国科学院研究生院（地理科学与资源研究所），师承刘燕华教授和郑度院士，获理学博士学位，为西藏气象系统回藏工作的第一位博士。2001 年在挪威国家气象局特拉姆瑟气象台从事学术交流与访问。2007 年至 2008 年在尼泊尔国际山地中心（ICIMOD）任 HKKH 合作项目项目官及中方项目协调员。2017 年 2 月至 8 月在美国科罗拉多大学（博尔德）做高级访问学者。目前在西藏自治区气象局高原大气环境科学研究所从事科研工作。兼任成都信息工程大学硕士生导师、西藏大学兼职教授和中国青藏研究会理事等。

先后主持了国家自然科学基金项目、西藏自治区重点项目、中国气象局新技术推广等 20 多个国内和国际合作项目。主持的气象行业专项"青藏高原遥感积雪气候数据集建设"是西藏自治区首次承担的同类项目。作为主要科研成果，出版了《西藏高原地表参数遥感监测方法研究》《山地土地利用 / 土地覆盖变化研究》《青藏高原积雪图集》《Remote Sensing of Land Use and Land Cover in Mountain Region》4 部专著，参与了 2 部专著的编写，在国内核心和国际期刊上发表论文 80 多篇。获西藏自治区科学技术一等奖 2 项、二等奖 1 项、三等奖 3 项、拉萨市科学技术进步二等奖 1 项和中国气象局气象科技成果应用二等奖 1 项。享受中国气象局西部优秀年轻人才津贴，获第五届全国优秀科技工作者和中国气象局首批科技领军人才等称号。